古代の船と航海

ジャン・ルージェ 著
酒井 傳六 訳

法政大学出版局

Jean Rougé
LA MARINE DANS L'ANTIQUITÉ

目次

序　章

古代の海運の歴史は、技術史と経済・社会・軍事史に関するわれわれの知識にとって大きな重要性をもっている。それはまた、今日の潜水に対する熱狂のおかげで、最大多数のアマチュアを惹きつける古代史の部分である。たぶん不幸にも、というべきかもしれない。なぜなら、アンフォーラ〔古代ギリシアの柄つき壺〕を追い求めることは考古学と歴史にとって忌まわしいスポーツとなっているから。そして、良き潜水者であるという事実は、良い考古学者、良い歴史家となるのに十分ではないから。

この小さな本の中で、われわれは古代海運の歴史家として、古代の船・海運・航海が提起する主要問題のいくつかを示そうと考える。この研究は、原則として地中海世界に、すなわちギリシア人とローマ人の海に限られるであろう。われわれは、地中海諸民族の歴史という点にかんがみて、地中海の延長とみなし得る海に、すなわち大西洋に接する海、時にはアラビア湾と古代人の紅海（今日の紅海とインド洋）にも言及するであろう。かくして、われわれは、一九三六年の『航海論』の著者ロラン・ド・バイフいらいこれらの問題を扱ったすべての先人の立場に従って古典的視角をとるであろう。

とはいえ、われわれは、新石器時代から大侵略の時代に至るまで、この広大な経済的空間で民族と商品の交流を大いなる持続性をもって確保した海運の全史を、ここに示すつもりはない。むしろわれわれは、われわれに本質的とみえ、時として専門家のあいだの白熱した論争の対象となるいくつかの特殊な問題を浮彫りにしたいと考える。いずれの問題についても、われわれは知識の現段階で最良とみえる答えを示すであろう。

とはいえ、われわれは善意の反対者の議論を無視しないようにする。ともあれ、まずわれわれは海運史の資料とその資料が提起する問題について、いくらか述べることが必要であると考える。

1 伝統的資料

古代海洋史を知ることについて、海底考古学が発達するときまでわれわれがもっていた唯一の手段を、われわれは伝統的資料と呼ぶ。これらの手段は伝統的な歴史の手段であり、その内訳は、文学資料、パピルス資料、碑銘資料、古銭学資料、および考古学資料である。これらの資料はすべて同種の問題を提起する。解釈という問題を——。なぜなら、ある解釈については、われわれはどの程度の信頼を置いてよいかを決して知ることはできないし、他の解釈については、それらがわれわれに与える内容が理解困難であるから。そこで、われわれはこのことを分りやすいものとするいくつかの実例をあげることにする。

古代の、とくにギリシア＝ローマ時代の文献は、伝承によって伝えられた海事上の比喩を非常に多く含んでいる。しかし、これらの使い古されたテーマ、われわれが習慣的に「トポス」と呼ぶところのものは、決定的に固まっているのだろうか。あるいは、それらは、著者の時代の実情に応じて変り得るのだろうか。もしテーマが固まっているとするならば、その常識が成立したときに関連してのみ、そしてまた、われわれがその常識を常識として認定できる範囲内で、それらのテーマはわれわれの関心を惹く。しかし、そのような認定は事実上、不可能である。もしテーマが変り得るとするならば、「トポス」の向うがわまで行って、それが包んでいる著者の時代の実情の役割を探し求める権利と義務をわれわれは持つ。

たとえば、四世紀中葉に、ナジアンズのグレゴリウスは、青年のときにアテネで勉学をつづけるためにアレクサンドリアからアテネへ海路で向ったさいに、キプロス島の水域で暴風に遭わねばならなかった。ずっと後になって、彼は自作詩の一つの中にその冒険を語り、出遭った暴風を描いている。その描写は、『オデュッセイア』の暴風雨から多少とも直接に出た暴風の「トポス」の古典的表現以外のものではない。したがって、それは海事史の資料ではなくて、末期ローマ帝国の文才あるキリスト教徒の俗世的教養に関する文学史の資料である。しかしながら、この文学的作品の中の一挿入節は、暴風雨のあいだに船内の飲料水槽「エンネカ」がこわれ、乗組員と乗客に死の脅威を与えた、ということを指摘している。いいかえれば、天候の日常的実情が「トポス」の中に辷りこんでいるのである。それ実際、この記述は、当時の海洋旅行の状況に関するわれわれの知識にとって非常に重要である。それは、乗客が自らの食糧については自分で処置するのに飲料水の補給については船に依存している、ということをわれわれに教えるのである。(1)

「トポス」に属さない他の海事物語（なぜならロマネスクだから）も同種の問題を提起する。ここで忘れてならないことは、エジプトの物語『難船水夫』(2)から『エペソス物語』に至る、ほとんどすべての古代の小説は、少なくとも海洋冒険の部分を含む小説である、ということである。ルキアノス（ギリシアの諷刺詩人。前一二〇ごろ—同八〇ごろ）の対話『船あるいは祈願』についても、事情は同じである。この対話において、大諷刺作家は、アレクサンドリアとオスティアを結ぶ航路を進んでいた壮大な規模の船が暴風雨のために向きを変えざるを得なくなってピレウス港にはいり、住民に賞讃をこめた驚異を感じさせる、という話を書いている。ここに生ずる問題は、その船は三世紀初頭の、一年分の食糧をのせる船であったのか、すなわちL・カッソンの考えるように現実の船であったのか、それとも、ルキアノスの空想から出た船であったのか、ということである。後者の場合には、ルキアノスの文章が当時における船と航海についていくつかの貴重な要素をわれわれにもたらすとしても、その文章は当時の船の排水トン数の証拠には決してなり得ない。(3)

パピルスの文章あるいは碑銘文もまた、われわれに同じ問題を提起する。まず第一に、それらにはしばしば欠損部があり、やむを得ず成される復原は、あらゆる努力にもかかわらず、不確実の要素を含んでいる。つぎに、それらはしばしば技術上の用語（海事にまきこまれた人物の名、船の名、船の部分の名その他）をわれわれに知らせるのであるが、それらの用語を解するのにわれわれは大いに苦労しなければならない。たとえば、アテネの兵器廠の碑銘の在庫一覧表に記されている種々の綱は、正確にはそれぞれ何をあらわしているのか。[4] それらを解釈しようとするとき、われわれには確かに辞書編集者・著作家の、すなわち、古代末期の辞典の著作家(ナウクラティスのポリュクス、ヘシキウス、ラスーダその他)の作品が利用できる。しかしながら、それらもまた多くの問題を提起するのであり、あらゆる難点を解決するというのには程遠いのである。

難点を理解してもらうために、簡単な例を一つ、あげる。プトレマイオス・フィラデルフス王〔エジプトの王、プトレマイオス二世〕の財務長官アポッロニオスの代理者ゼノンのパピルス・コレクションの中の一つは、この君主の娘、若いベレニケ王女が、シリア王アンティオコス二世と結婚したとき、「タウロケルクロス」と名づけられた船に乗ってペルシウムに着いたのを語っている。[5] しかし、そこ以外には見られないこの種の船は、一体何であろうか。それは、ある人びとが書いたように、家畜運搬を専門とする船であろうか。そうであるとするなら、なぜ王女の旅にそれが用いられたかが、理解しがたい。それは、牡牛を標識とする船であろうか。このほうが最もありそうなことであるが、そうと断定することもできない。

伝統的考古学は何よりもまず船を表現したものを、すなわち、レリーフ、モザイク、絵画、落書き、燈火と、たぶん神殿の祈願用に供えた小形の燈火模型を、われわれに提供する。しかし、第一に、記念物の保存状態という問題がある。記念物が今日にまで残ってきている状態は、しばしばその解釈を困難にするから。もっと重大なことは、年代確定という問題である。十分に的確な考古学上のコンテクストがない場合には、年代確定はかなり冒険的となる。記念物の年代確定ができる場合でも、その記念物が同時代の実情をあらわしているとはいえない。そこに、文学資料の問題を思い出させる問題がある。ギリシア時代に多量の厚紙がモザイク作者と画家の用に供するために作られたこと、ずっと後になってそれらの厚紙が用いられたことについて、われわれは確信をもっている。したがって、ローマ時代のモザイクまたは絵画を前にするとき、これは再使用された古代の厚紙であるか、それともローマ時代の船を表現しているものであるか、とわれわれは常に問わなければならない。(6)

たとえば、モザイク、絵画と同じようにレリーフの上に、舵の表現に関する、まぎれもない「トポス」がある。その舵は、ローマ時代において、漕手に捨てられた櫂がもつ通常の位置で、櫂の水搔きが船尾に引きずられているのを示している。このようなことが当時の舵の実情に合致するという見込みは、ほとんどない。少なくとも、大形輸送船に関して、そうだ。最後に、巧妙さに多少の差がある芸術家の技を考慮にいれなくてはならない。オスティアの同業組合広場の有名なモザイクを見ると、サルジニア島のカリアリ湾をあらわす船状モザイクの上に、まるで木靴《サボ》の印象を与える非常に拙劣な船が一隻ある。ところで、この船は、アフリカのシレクトム港をあらわす隣の船状モザイクに示されている三本マストと同種であるという可能性は百パーセントである。したがって両者のちがいは、ただ芸術家の技のちがいに帰するわけである。(7)

しかし、同時にまた、いくつかの現代の解釈に用心しなければならない。第六学年の学校教科書を開くなら、紀元前十二世紀から同八世紀に至る古代フェニキア人の海洋勢力を示すために、ベイルートの博物館に保存されているシドン出土の石棺から撮影した、帆を拡げたみごとな船の写真がみられる、ということが多い。それは、最も顕著な時代誤認の一つである。なぜなら、その石棺は、実際には、紀元後二世紀または三世紀のものであり、したがって、千年ないし千五百年を経ても、古代の造船には何の進化もなかったと考えることになるから。もっとも、教科書の著者だけがこのような気紛れに絶対的に責任があるというわけではない。彼らのその気紛れは、不幸にも、その記念物の発見者に由来しているのである。(8)

2　現代の資料――海底考古学

現在、海底考古学がますますわれわれの最良の情報源の一つになりつつあることは明瞭である。しかし、それもまた、当分のあいだは、かなり狭い限界をもっている。それにもかかわらず、海底考古学はすでに、造船というテーマについて未解決のかなりの数の問題を解決するのを助けてくれた。

アクアラングという器具の出現以前には、海底の発掘は稀であった。海底の発掘は、職業潜水夫によって、ペロポネソス半島の南のアンティキテラ島で、あるいはチュニジアの東海岸マハディアの沖合でおこなわれたが、力量ある考古学者の監督下におこなわれたときでさえも、それは科学的考古学というよりは、十八世紀と十九世紀末の旧式考古学に似ていた。すなわち、物を探すという作業なのであった。時として、沈船残骸の引揚げで知られるイタリアの船アルティグリオ号を用いてイタリアのアルベンガ号残骸のためにおこなわれた発掘は、厳密な意味の考古学に似ているのではなく、むしろ遺跡の破壊に等しいものであった。今日、海底の発掘は考古学者である潜水者により適切な器材をもっておこなわれており、その方法と優先的関心事項の点で、地上考古学の水準に達している。しかし調査は、自然そのものによって強いられる限界をもっている。なぜなら、潜水者は、たとえ経験豊かな人であっても、ある深さ以上に、有効に、危険なしに、降りることはできないから。

疲労なしには長く発掘に従事できないために、また水中の環境での作業は地上よりもむずかしいために、発掘チームはかなり頻繁な間隔で交替しなければならない。最も重大なことは、海底の残骸の保存状態にかかっている。今までのところ、科学的に発掘された場所では、解釈のむずかしい、そして保存のほうがもっとむずかしい船体断片が発見されただけである、ということを正直に認めなければならない。船荷の研究はむずかしい。なぜなら、残骸は天候不順または暗礁のためにおきた難破の結果であり、船は転覆または大穴をあけられて積荷は原位置にとどまらなかったから。さらにまた、船はしばしば傾斜した場所に沈んだ。そのとき、積荷は、甲板があるときはそれを粉砕して多少の差があるにしても広大な空間に散乱した。時として、われわれは、そうと十分に理解しないままに、いくつもの船の残骸が積み重なり、その積荷がまじりあっているのに出合う、ということもあり得る(たぶん、グラン・コングルエの残骸の場合がそうである。発見された壺類のあいだに存する年代上の不一致の故にである〔グラン・コングルエはフランスのマルセーユの南にある海岸の大岩岬。そこの海底で、古代の積荷が発見された〕)。

実際のところ、われわれのなすべきことは、許容限度をこえて積荷をしたために垂直に平らな海底に沈んだ船の残骸を見つけだすことである。それに、すでに目録にあげられた残骸がおびただしい数に上ることを思い、その数が休みなく増えつづけていることを思うならば、いま述べたようなことが将来おきないとは断言できない。しかし、そのときでさえも、われわれがまさに必要とする知識は拒まれるにちがいないようにみえる。なぜなら、本質的に変りやすい物質である構成要素の性質のために、索具が残るという可能性はほとんどないから。とはいえ、船の中心に対して一本あるいは複数のマストの位置を見つけるという期待をもつことはできる。それは、古代の船がどの程度、風にさからって航行し、風上に向ってジグザグ進行する可能性をもったかを知るのに肝要なデータである。最後に、海底考古学の主要な貢献の一つは、われわれがもっと多くのデータをもつようになるとき、国と国との経済関係に関するもの、すなわち、運ばれた商品、その積出地、その目的地、たどった経路に関するものであるだろう。たどった経路という点については、われわれは、海岸に近い残骸だけが研究でき、沖海の経路は依然として未知でありつづけるという事実につきあたるであろう。たとえば、ボニファシオ河の河口で位置づけられた多数の残骸はイタリアとイベリア半島の沖海航路が存したことを示すとしても——。

いずれにしても、われわれの資料が何であれ、その貢献が何であれ、われわれは過度に一般化することについて、常に用心しなければならない。なぜなら、海の世界は多様性をもつ世界であり、断片的データにもとづいて普遍化することをほとんど許さないから。

第一章　航海に関する一般的考察

古代の航海者は、自然・技術・経済上の諸条件に起因するいくつかの障碍に直面した。それらの諸条件はまた、時代によって変るものであった。しかし、困難の中のいくつかは、またいわゆる有利とされる要素でさえも、われわれが地ならしをするためにまず第一に排除しなければならない現代の「トポス」に他ならない。その排除をすませるならば、われわれは真の条件を安心して研究できることになる。

1　いくつかの常識事項

われわれがそれらの常識を排除しようと欲するのは、海運史の専門家が、（ギリユ・ド・ラ・ロエリ艦長のように）それらの常識に逆らって戦ったにもかかわらず、それらの常識がしぶとい生命力をもち、今なおしばしば学校の教科書にあらわれているからである。

われわれは、第一に、海洋民族の概念に関する常識を考察することにする。ある定義によれば、海洋開発に自然に適している（自然にとは、住んでいる国の自然によってではなく民族の固有の性向によってという意味である）民族があり、同様に自然に海と航海を信用しない民族があるらしい。たとえば、ギリシア民族は海洋民族であり、ローマ人は陸地民族であるらしい。たしかに、ローマ人が少しも大航海者ではなかったのに対し、ギリシア人は大航海者であった。しかし、彼らをそのように仕向けたものは、ギリシアの国土の性質に由来する経済的条件であった。ギリシア人は、その心の底では、ローマ人と同じくらい深く、陸地民族なのである。そのことを信ずるためには、ヘシオドスの『労働と日々』(1)を読めば、すなわち、人間活動の理想としての農業への賞讃と航海に関する故意の黙秘を読めば十分である。あるいは、クセノフォンの『経済学』(2)の中にある農業への賞讃と『詩華集』(3)がわれわれに残している海難死者への墓碑銘を読めば十分である。したがって、ギリシア人がほとんど心ならずも船乗りになったのは、国土の貧しさ、陸地輸送のむずかしさ、植民時代における人口状態と経済構造のあいだの不均衡に強制されて、また、ある利益追求精神に強制されて（そこに航海と海洋貿易に対するモラリストの非難が生ずる）、自国に欠けているものを他の地へ探しに行ったからなのである。ところで、海は、天然の多くの港をそなえ、航海者に「救いの手をさしのべる」多くの島（古典的「トポス」によれば）をもって、海のもつ危険と海に対して抱く航海家の恐れにもかかわらず、海に向って航海家をそそのかすのであった。

これよりもはるかに重大なことは、いくつかの断定である。それらは、次のようなものであり、全体として自家撞着しないまでも、前に述べた断定を時として否定するのである。

古代人はみじめな船乗りであって、非常に海を恐れていたため、そうできるようになると直ちに陸路を採るのを急ぐのであった(4)。

彼らが夜航海するのは、やむをえないとき、強いられたときだけであった。一般的に、夜になるや否や、彼らは最も近い岸に着き、船を陸にあげ、翌朝にならねば出発しなかった(5)。したがって、彼らは沖海の航海を知らないのであった。

古代の船の排水トン数はおかしいほど小さかった。

これらの常識に対して科学的説明が一冊の有名な書物によって与えられた。同書は残念なことにフランスで古代航海に関する標準書となってしまった。一九三五年に出たルフェーブル・デ・ノエット艦長の著述が、それである(6)。彼にとって、右のような状態をつくった責任者は操舵器具である。実際、船尾につけた一本または二本のオールでつくられている古代の操舵器具は敏感さを全くもっていなかった。したがって、それを使用することは、いかなる遠洋航海をも禁止するのであった。例外は、規則的な順風の存在という恩恵をもつ、よく知られたいくつかの航路の場合であった。敏感さを欠いた操舵器具は沿岸航海と小さい排水トン数を強制したであろう。排水トン数は六十トン（ここでのトンは一六八六年のコルベールの法令に示されているトンであり、すなわち一・四四立方メートル相当）をこえることは決してなかった。中世末期の船尾材舵の出現だけが、このような航海の欠陥をつくろうことを可能とした。したがって、大西洋の航海が発達し得たのは、そしてアメリカが発見され得たのは、この舵のおかげであり、また、補足的に羅針盤のおかげ(なぜなら古代の航海家は方向を定めることができなかった)である……。

いうまでもなく、これらのことはすべて誤りであり、先入観の上につくられている。このことをわれわれは(いくつかの問題点にあとで再びくわしくふれなくてはならないということを考慮にいれつつ)多少とも急ぎ足で説明することにする。

古代の航海者の海に対する恐れを示すために、人びとはしばしば、ギリシア古拙時代に大ギリシアの建設者アカイア人がイオニア海の港とチレニア海の港の間に陸路運搬用経路を作っていたという事実を、一例としてあげる。彼らはこうすることによってカリブディスとスキラの話に象徴されているメッサナ海峡とその危険を避けた。同じように、ローマ時代には、オリエントに向う旅行者はローマ、オスティア、ポッツオリで上船せず、海上の旅の期間を制限するためにブリンディシで上船した。これらのことは全く真実であるが、人びとが公言するように、古代人が船乗りの精神をもっていなかった、ということを推測させるものではない。その理屈でいえば、十九世紀のイギリス人もまた船乗りの精神をもっていなかった、ということになる。なぜなら、彼らもまた極東へ行くのにブリンディシで上船してインド便を用いたのだから。

真なることは、ローマ人がイタリアの南東端で上船することによって旅行期間を短縮できることに気付いていたこと、アカイア人が陸路輸送によって海上の危険を避けたのではなくてメッサナ海峡でカルキディア半島人が実施している経済上の取締りを避けたということである。事実、古代人は全く河川経路と同じように、それが可能なところではどこでも海路を用いたのである。なぜなら、海路は陸路よりも少ない費用と労力で、陸路より大きな量の商品と旅行者を運ぶことができたから。危険のほうはどうかといえば、それは海陸ともほとんど同じであった。嵐と難破に対応して、陸路の生むあらゆる種類の事故があった。とくに山道の場合にそうであった。ローマ帝国前期に事実上消滅する海賊に対応して、決して消滅することのない大道の追剝ぎがあった。

これらのことが航海の初期についてはまことであると仮定しても(確実であるというのには程遠いのであるが)、古典時代においては、船乗りは昼夜の別なく航海したのであった。そうでなければ、だれもが眠っているときに星によって船の方向を定め航海の安全を確保した水先案内人をわれわれに示す「トポス」を、どうして説明できようか。現代の常識は『オデュッセイア』のある行文および軍船の習慣を恣意的に一般化したことから生じている。しかしながら、ホメロスの詩を実際に読むという労をとるなら、船が一貫して陸上げされたのではないということ、陸上げをするときにはまず積荷を下ろしてから、浜辺に曳いたということ、つまり船を海に浮べたあとで荷を再び載せる必要があったということ、に気付く。いいかえれば、船の陸上げは小形船の場合にだけおこなわれたのであって、重い積荷を載せた大形船の場合にはおこなわれなかったのである。幸運な偶然によって、マグレブ〔北アフリカの西部〕の海岸にそって、ほとんど一日航海の距離の間隔にある一連のフェニキア人の寄港地をみとめることができたと信じるとしても、そのことは、これらの海岸におけるフェニキア人の航

海が日中だけの進行だったということを意味するものではない。(7)

まさにこの点で、われわれは常識的断定の重大な矛盾を見るのである。操舵器具が全面的に敏感さを欠いているとするなら、是が非でもある敏感さを操舵器具に要求する沿岸航海を、どのように説明できるであろうか。かつまた、ルフェーブル・デ・ノエット艦長の断定につづいてあらわれたもろもろの研究は、ほとんど間をおかないで、古代の舵が少なくとも船尾舵にほぼ等しい感度をもっていたということを明らかにした。(8)

最後に、海底考古学がまだ重要な積荷を再発見していなかったときに、また、いくつかの文書が、荷物のほかに六百人の人間を、あるいは五万ボワソー桝の穀物(9)すなわち四千五百ヘクトリットルを運ぶことのできる船が定期的に地中海を航行したことを示していたときに、どうして、少なくともギリシア＝ローマ時代において古代の船は小さかったと断定できたのであろうか。(10)

これでお分りと思うが、絶対に捨て去らねばならない伝統的な一連のきまり文句というものが存在するのである。

2　航海の条件

そのかわり、古代の船は航海に関して、いくつかの拘束を受けた。その拘束は蒸気船の出現のときまで、ほとんど変らないで存続した。航海の時間とともに航路をも同時に決定する自然または人為の条件、という拘束である。

　地中海の空間における大気の流れという一般的条件のために、二つの大きな季節が生じている。一方に、ギリシア人のいう「ケイモン」すなわち冬よりはるかに悪い季節があり、他方に、「テロス」すなわち夏よりも良い季節がある。かつまた、この二つの季節の境界は四季の天文学上の境界と正確に一致するわけではない。第一の季節は不安定な気象によって、嵐の発生と強さを予知できないという気象によって、特徴づけられている。沖海を航行できないのはこの季節においてであり、ある沿岸航行だけが可能なのである。その場合でも、大規模の通商航海は不可能であった。それは、ローマ人がきわめて個性的に「マレ・クラウスム」(11)すなわち「海は閉されている」と呼んだ、そしてある文書が「正しい航海者に対して」と付け加えている期間である。しかし、この「マレ・クラウスム」は地中海の特性ではない。大西洋もまた同じようにこれをもっていたようにみえる。ただ、大西洋に関する文書は、内海の場合とは反対に、稀である。(12)この「マレ・クラウスム」の概念は、人間が自然要素の主人になるというのでは毛頭なくて、航海について経験を積み、大気現象について知識を豊かにするのに応じて、古典古代の全体を通じて、発展した。

　古拙時代すなわち紀元前八世紀に、航海に好都合な時間は非常に短くて、プレアデス星団の沈む前の五十日間すなわち大ざっぱにいって七月中ごろか九月中ごろまでの間であることを、ヘシオドスはわれわれに教えている。そのとき、危険はきわめて小さく、嵐は稀で、風は十分に安定している。もちろん、ヘシオドスは春のはじめの二番目の航海期を知っている。「イチジクの葉がひろがりはじめ

る」ときである。しかし、彼はこの期間を余りに危険であるとして、思いとどまるようにすすめた。(13)

あとで、航海の季節についての二つの考えかたがあらわれる。一つは狭い考えかたであって、小心な旅行者が一貫して好む季節、すなわち五月二十七日から九月十四日までの季節という考えかたである。他の一つは広い考えかたであって、その開始期は宗教上のお祭りという暦の日付で神聖化されており(「ナウギウム・イシディス」と呼ばれるお祭りであって、海開きを象徴するために信者たちは「航海の順調な再開のための祈願をあらわす」刺繡をした帆を立てた小形模型船を海に出すのであった)、三月はじめから十一月十一日までの季節という考えかたである。(14) 実際にこの十一月十一日は通商船の最終限界日である。すなわち、その日からあとは、船は契約で大冒険に対して保証されるということはなく、ローマ帝国の時代においては帝国が危険を負担するのである。(15)

これらの一般的気象条件とならんで、好シーズンに海のルートを命ずるいくつか特別な条件がある。最もよく知られているものはインド洋のモンスーンである。その構造は、生存年代のくわしく知られていない、しかしアラブ、インド、マレーの航海者に非常に古くから知られている、ヒッパロスという名のギリシア人によって発見されたもののようである。このモンスーンのおかげで、もろもろの大発見よりずっと前に、香辛料と香料が、アラビア半島を経由してあるいはモザンビーク海峡の沿岸諸国を経由して、地中海世界に達していた。(16)

しかし、地中海自体においては、夏になると東部海域で、大ざっぱにいって七月十日から八月二十五日にかけて北から南に吹く有名な季節風があり、それがエジプトとシリアからイタリアに向う航海をむずかしくする。それゆえに、ローマ帝国の時代に、この方向に向う大航海はこの季節風期から外れた時期におこなわれ、そのかわり季節風期は帰路の時期となる。船乗りにとって幸いなことに、沿岸海域では夏になると、夜は陸の風が吹き、日中は海の風が吹き、これが大季節風の効果を無力にする。最後に、ある海域では局地的な風が大きな役割を果す。しかしそれは時として悪い役割をも果す。ダルマチアの山々から降りて来てアドリア海の水を波立たせる有名なボラはその一例である。(17) これらの風をすべて人間が認識し、活用するようになったのは、海の体験によってである。最初の大航海があらわれる新石器時代に、航海が定期的な航海というよりは探検に似ていたというのはありそうなことである。組織的な交易に人間が達するのは、遅々たる経過によってである。交易のためには、海と海の変化を知らねばならなかっただけではなく、海岸と後背地の経済条件をもまた知らねばならなかった。

したがって、海岸についての知識は航海の発達に伴って進んだ。海上輸送の必要のために、その知識は、われわれが「周航記」と呼び、V・ベラールがかつて現代の「航海指針」に比べたあらゆる文学を生んだ。それは、主要事件、航海目標、給水場、寄港地、港(時としてそこで入手できる主産物にも言及する)、さらにまた危険な場所(暗礁、沖海の風からよく守られていない投錨地……)とともに海岸を記述したものである。

われわれの持っている最古のものは紀元前四世紀にさかのぼるのであるが、同種の多くの記録がそれ以前に存在したことが推定できる。その古い記録(18)はベラールが考えたようにフェニキア人の作であろうか。断定するのは非常にむずかしい。それらの周航記は地理学者の概論とならんで、すべての海岸が安全であるわけではないことに古代人が非常に早く気付いたということを、われわれに教える。最悪のものは、たぶん円筒状の波をつくる浅瀬につづく浅い岸である。古代の著述家のあいだに悲しき名声をもっていたリビアの流砂海岸（シルト）の場合が、これである。この種の海岸のほかに、小形船を岸に曳きあげることができるとしても重要な港をつくるのがむずかしい、大した事故を起さない砂の海岸をあげることができる。しかし、岩の海岸もまた時として非常に危険である。あるときは、沖海の風にさらされ、ほとんど海岸線の出入りのないその海岸は、船の墓場となる。テッサロニカ湾とラリサ湾のあいだのギリシア海岸はその一例であり、第二次ペルシア戦役のはじめにクセルクセス王の船隊がそこで砕け散ったのである。[19] あるときはまた、海岸線の形すなわち突出した岬が二つの局地気象を分断する。この場合、岬をまわる船にとって危険は重大である。ペロポネソス半島の南端にあるマレ岬の悲しき名声を説明するのは、このことである。それは「マレ岬をまわるなら、家族にさよならをいえ」という諺になっている。[20] それにもかかわらず、ローマ時代のある海洋商人は、生涯のあいだにこの岬を七十二回もまわったということを誇っている。[21]

しかし、これらの危険な海岸は二重に危険である。なぜなら、自然条件のほかに人間の条件があるからだ。いいかえれば、これらの海岸はしばしば海賊または難破の海岸なのである。海賊と難破は地中海の伝統的な活動であって、強大な権力が海と海岸を取締るときに消え、混乱と弱い統治権力のときに再びあらわれる。標準的な古代史においては、大海賊海岸は岩の海岸であった。すなわち、小アジアの南海岸、ダルマチア、リグリア、西アフリカの海岸であった。岬と浅い海岸はむしろ難船掠奪者の領分であった。たしかに彼らは、難破によって海から岸に打ちあげられたものはそれを発見した者に属するというかなり一般的な海の慣習を過度に利用しているにすぎなかった。

モラリストがいうように、営利精神がついに自然条件を抑えるに至った。経済上のことばを使うならば、航海は交換の必要に支配され、自然条件の不備を人間の作業で補うことを覚悟し、テベレ河の河口の港を問題なく最高に有名なものとする人工の港をつくるに至り、こうして危険な海域にもまた経済上の価値があるという理由で頻繁にゆく、とわれわれは述べてよいであろう。同時に、航海の条件はそのことから影響をうける。ここでもまたローマの例が有益である。帝国時代に、都は補給の大半を海路からうけている壮大な消費センターであった。求められる商品の増大する量にかんがみて、二つの解決法があった。都に補給する船のローテーションの速度をあげるか、あるいは船の積載能力をあげるか、であった。第一の解決法は明らかに自然の障碍につきあたった。だからこそ、エジプト人の船は、季節風の定まるより前にアレクサンドリア＝イタリアの方向で一回の航海をすることができたとしても、つづいて二回目の航海をするのはむずかしかった。そこで、ローマ帝国は第二の解決法のほうを向いた。このことは、ローマの食糧補給に用立てるために大形船の所有者に便宜が与えられたことを説明する。また、この自然条件と人間の条件の混合によって、アレクサンドリアの食糧用船がセネカ(22)〔ローマの修辞家。前五五ごろ—後四〇ごろ〕とスタティウス(23)〔ローマの詩人。六〇ごろ—一〇〇ごろ〕によって描写されたあの「クラシス」、あの艦隊を連想させるという事情も、説明できる。

経済の重要性を、われわれはまた、いま記したばかりの状況に立ち至った経過の中に見ることができる。古典ギリシア時代においては、地中海に強い海上活動がある。たとえば、ピレウス港はマルセーユ、シチリア、小アジア、ポントスからの船でにぎわっている。しかし、港自体は非常に大きな港ではない。なぜなら、アテネ市の需要はその人口に応じたものであるから。ヘレニズム時代になると、経済の軸の移動に伴って情勢も変り、ピレウス港はその重要性を失う。アテネが第一級の政治上の役割を全く失うのと同様に。とはいえ、通商も船もまだ地味な規模にとどまっている。だから、三世紀はじめに、シラクサイ〔シチリア島の都市〕のヒエロン王がエジプトのプトレマイオス王に真に大形の海洋穀物船を贈与したとき、この船はただ一度の航海をするだけである。その理由は、アレクサンドリア港を除けば、この船を受けいれることのできる港がないこと、またこの船を使うことができるほど十分な通商航路がないこと、である。(24) たぶんローマ帝国の時代にも、事情は同じではないだろうか。そのような状況は、マルセーユが捨てられて、アルルがローヌ河航路の第一位にのぼることを説明するのである。

3　航路の確定

これからわれわれが検討しなければならない問題は、古代の航海者が、彼らのもっている手段で、いかにして航路を確定するに至ったかを知ることにある。

まず第一に、実際には自明のことであるとしても思いださねばならない一事がある。帆で航海するとき、最も直接の航路が必ずしも直線になるわけではない、ということである。したがって、海図の上に帆船航路を線でひくことは事実上、不可能である。なぜなら、すべては航程で出合う風次第なのだから。このような条件のもとでは、速さについて語ることはできないし、またすべきでもないのであって、ただ、航海の時間のみ語ることができ、また語るべきである。二つのことはしばしば混同されるのであるが、同じことではない。風に依存するこの種の旅のなかで最も知られているのは、われわれがすでに語ったルキアノスの物語に出てくる英雄船「イシス号」の場合である。風向きの不定である時期にアレクサンドリアからローマに向ったとき、クレタ島の南岸を経て西に向うのを可能とさせる有利な風を見つけるために、船はロードス島の海域まで進まねばならなくなる。しかし、そこで針路を誤り、エーゲ海をこえたのちピレウス港にもどり、ここでセンセーションをまきおこす。この冒険、あるいは冒険の可能性について、われわれは、これまた十九世紀はじめに有名となったシャトーブリアン氏〔フランスの小説家・政治家。一七六八―一八四八〕の東方冒険記の中に一つの文学的確認をもっている。この二つの例は、したがって、『使徒行伝』(25)の作者によってわれわれに伝えられている形の、聖パウロがイタリアに向った航海の物語の、海洋上の真実性を確認する。

これらの航路は、風と同時に船の積載能力に左右されている。航海者に知られた最初の方向は、明らかに追風の方向である。その方向は何の問題もおこさないが、斜め後ろから来る風という二つの隣接方向を加えるとしても大して有効な関連効果を生まない。しかし、古代の船は帆の作用と舵の作用を組合わせることによって横風の方向も利用することを、たぶんかなり早くから知っていた。なぜなら、同じ風が船に逆方向進行を可能にさせるという事実に気付くことは、古代文学の古典的な「トポス」となっているから。とはいえ、あらゆる針路が許されるわけではなく、古代の航海が生む大問題は、船がどの程度まで風に向ってジグザグに、すなわち継続的に風に逆らって進むことができるか、ということにある。すべては船の重心の中央に対して帆とマストがどこに位置しているかに、かかっている。このことについて、われわれは今のところ知らない。しかし、いくつかの航海物語を分析して分ることは、古代人がこれらの方向を知っていたこと、また、たぶん真の問題は、彼らが風に向ってジグザグに進むことができたかどうかということよりはむしろ、どの程度まで彼らが風に逆らって進むことができたか、そしていつから彼らはそうすることができたか、ということである。(26)

では、航海者は欲する航路を進んでいるかどうかをどうして知ることができたのであろうか。近代および現代では六分儀を使う天文学的観測と、時刻の比較によって現在地点を定めた。それは古代人にとっては不可能であった。彼らは観測器具(たしかに、アンティキテラ島の残骸の中にブロンズの古代六分儀がみつかったとある期間信じられたのだが、この器具は実は観測器具とは無関係である)をもたなかったし、時刻を比べることもできなかった。

したがって、科学的に現在地点を定めることができないため、彼らは空の星の位置、風、潮流、計算できる船の速度を考慮にいれて、船位推算法で航行した。さらに、海岸が視角内にあるときは、彼らは航海目標の方位測定をすることができ、十分な系統ができあがったあとは、夜になると燈台の方位測定を、また土地の方位測定とその特徴の検討をすることができた。したがって、これらのことは、航路決定に責任のある要素が海に関する深い知識であることを想わせる。その知識は理論的研究によってではなく、実践によって得られるのであった。このような状況のなかでは、航路の決定にさいして常に、あるためらいがあった。いずれも均しく危険である嵐または凪《なぎ》が多くの迂回または彷徨の原因となり得るだけに、なおのことそうであった。お望みとあらば、ロードス島に直行する航海を意図してエジプトを出発した航海者は、出合う風の具合がよければ、大ざっぱにいってクレタ島の東部からキプロス島に及ぶ区画の中に陸地の影を見付けることができた、というふうにいってもよい。陸地が見付かると、彼は航海目標で位置を定める沿岸航行の方法で目的地に達するという強い可能性をもつのであった。進むべき航路の確定と監視についての船長の役割は、ホメロスから古代の最後の著述家に至るまで拡がっている古典文学の一連の「トポス」の源泉となっている。

最も有名なものの一つは、星の助けで航路を定めることによって夜間の船の安全と乗船者の安全を確保する水先案内人を、われわれに示している。「見よ、いとも親愛なる水先案内人。彼を船の王と呼んでも間違っているとは思われない。彼は、夜が来ると、眼をたえず星に注ぎ、舵のそばに腰をおろすではないか。……彼は、眠らないで、皆の者に安息をもたらす(27)」。

第二章　造　船──船体

今日の研究が最も大きく海底考古学に負うのは、そしてそれより少ない度合いで陸上考古学に負うのは、この領域においてである。それまでは、ながいあいだ、研究は記念物と文章を解釈することに甘んじていなければならなかった。船体の建造方法は、ある程度伝統的であるが、それにもかかわらず時代とともに変化した。いっぽう、地域的な違いも国と国のあいだにあらわれており、このことは当然のことである。

1　造　船

やがてわれわれが語るはずの、そしてまた建造者のがわに何ら特殊技能を求めない原始形態の船を除外するなら、造船が、その実施者に専門性を求めるのは明らかである。したがって、最も古い時代から船大工が存在する、といってよい。しかし、その身分と組織は、ローマ時代に至るまで、われわれには事実上、分っていない。たしかに、エジプトの絵画とレリーフの表現は、船大工の作業中のところを示しており、そのことによってわれわれは彼らの道具を研究することができる。しかし、それがわれわれのなし得ること、あるいは少なくともこれまでなされてきたことの、ほとんどすべてである。(1) ギリシアについては、専門化した船大工「ナウペグス」が存在していること、すべての大形船が航海中に生ずるかもしれぬ損傷を修理するために一人または数人の大工をのせていたことを、われわれは知っている。同じように、テキストと碑文は、ピレウス港のような港に設けられた造船所を、われわれに知らせてくれる。それらの専門家の身分はどうかといえば、自由人のほかに奴隷もまたいたにちがいない、というのはありそうなことである。

ローマ時代になると、われわれはテキストと碑文のおかげで、はるかによい情報をもっている。そのために、造船技師団が存在すること、それが少なくともプラウトゥス(ローマの詩人、作家。前二五四ごろ―前一八四)の時代からであるということ(彼は著作物の一つにその団体のことを記している)(2)を、われわれは知っている。とくに、造船技師の名を示す文字が船をあらわすように配置されている奇妙な碑文によって、技師団のことがわかっている。(3) これらの技師たちは自由民あるいは解放民であるにちがいなく、仕事を準備するまぎれもない研究室をもっている。(4) いっぽう、あらゆる大きな港では、「ファブリ・ナウアレス」の団体すなわち船大工の団体が存在していることを、われわれは知っている。この団体の数はローマの港、オスティアで、二世紀末に非常に多い。それは残っている団体メンバーのリストが示すところである。このことは容易に理解できる。それらのリストは事業主と、たぶん職工長の名だけをのせたにちがいなかった。単なる労働者の名は、もちろん記されなかった。なぜなら、単なる労働者は、何の疑いもなく、団体の帳簿に記入されるメンバーよりもはるかに多数であったにちがいないから。記入されたメンバーが自由民、解放民の子孫であり、さらにまた解放民でさえもあるとするなら、単なる労働者の大半は彼らの奴隷であったと考えることが許される。われわれは、「ファブリ」の作業を示す図像をもいくつかもっている。さらにまた、四世紀はじめのディオクレティアヌス帝の「最高額勅令」は、当時の法定給料をわれわれに知らせてくれる。そのために、船大工をする労働者は最高の支払いを受ける日傭い労働者の仲間にはいっていたこと、彼が食事つきで六十デナリウス銀貨という給料をうける小規模の画をかく画家と装飾画家についで、第三位にあったことを、われわれは知っている。(5)

造船の開始期から古代の終るときまで（さらにそれ以後でさえも）、造船技師の使う最高の道具は西ローマ帝国の葬祭記念物にあらわれている有名な「アスシア」すなわち手斧である、といってよい。手斧、すなわち、著しく折れまがった平らな鉄でつくられ、片刃で、柄に対して直角をなす道具。この道具を、われわれはエジプトの船大工の手に見ると同じように、プブリオス・ロンギディエヌスという人物が自己の葬祭記念物（彼を語るものはこれだけである）に示している仕事中のラヴェンナの「ファブリ・ナウアレス」の手の中にも見る。(6) 反りをつくるのに適しているこの道具は、船の残骸の中で再発見される。なぜなら、当然のことながら、この道具は乗りくんでいる「ナウペグス」の道具箱におさめられていたからだ。まぎれもない職業シンボルとほとんどみなしてよいこの道具のほかに、木材を扱う労働者の習慣的なすべての道具をわれわれはもちろん見る。斧、鉋《かんな》、錐、あらゆる種類の穴あけ器具、木槌、金槌、さらにまた鋸、直角定規、下げ振り、水準器など、である。

2 原始的な船

われわれは、このテーマについて長く語ることはしないであろう。なぜなら、この種の船が強力な航海を生みだしたとはいえないから。とはいえ、われわれがこれから見るタイプの永続性のゆえに、しばらくこの船に眼を注ぐこととする。

最も簡単なタイプは互いに堅く縛りつけられた木の幹でできている筏である。この筏は改良することができる。浮力は支柱を追加することによって高めることができる。最もよく知られているタイプは「ケレク」と呼ぶのが慣わしとなっているものである。「ケレク」は今もメソポタミアで使われている名称の借用で、革袋の筏のことである。すなわち、いくつかの大きな革袋を枠で固定し、その上に一枚の板を置いたものである。これらの革袋の筏はオリエントに専門職をさえ生みだした。その専門職は紀元後三世紀にヨーロッパに知られたのであるが、最も注目すべきケレクの表現物として知られているものはそれより約七百年前にさかのぼる。(7)

もう一つの方法は、もっと稀であり、しかし銘文といくつかの記念物で確証されているものである。それはいくつかの大きな空の壺で筏を支えるというものである。さらにまた、あるモザイクが、アッ

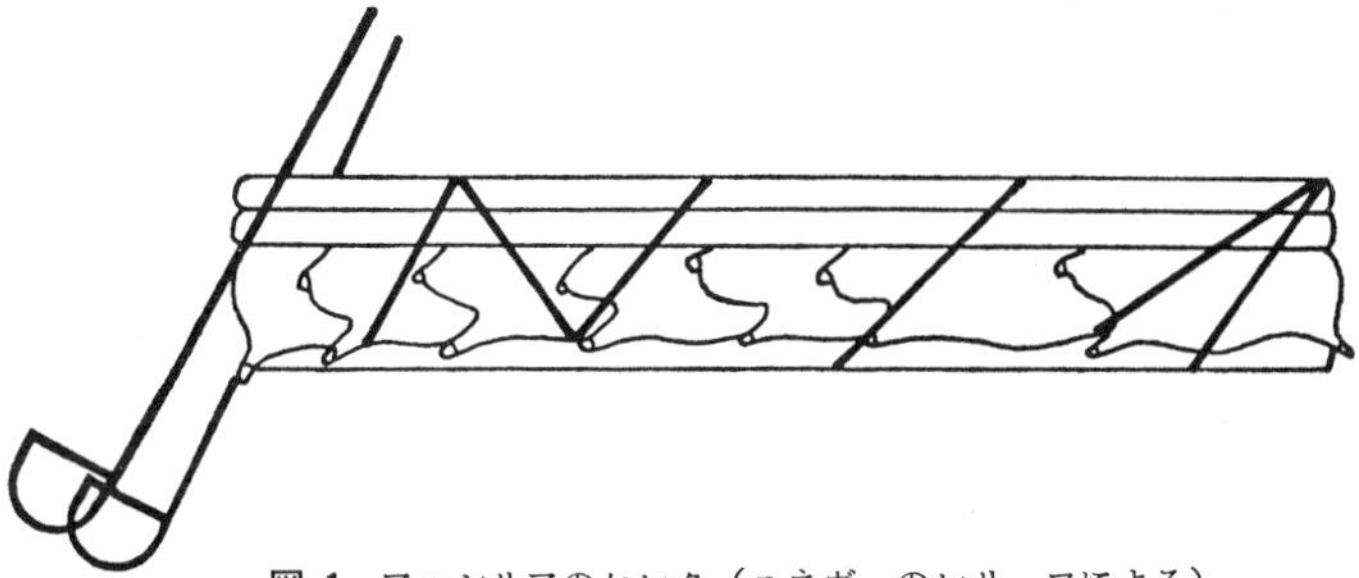

図 1　アッシリアのケレク（ニネヴェのレリーフによる）

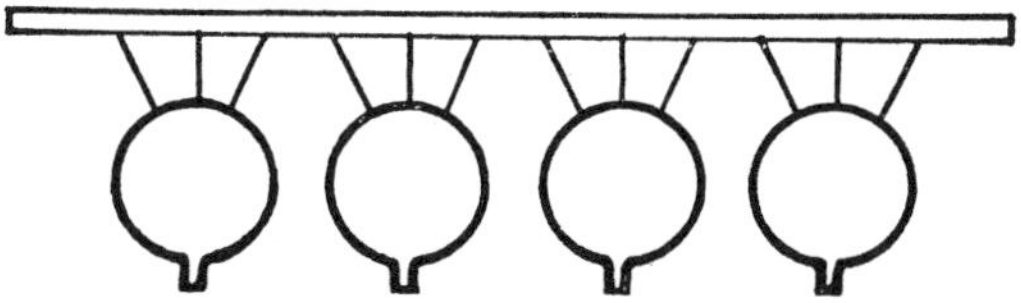

図 2　アンフォーラを積んだ筏（エトルスクの宝石による）

シリアの兵士あるいはカエサルの兵士が渡河のさいに革袋を用いたのと同じやりかたで、港の中の水面で壺を用いて泳いでいる小人を示している、ということにも留意しなくてはならない(8)。

しかし、はるかに抜きんでて最も一般化している、とくに、湖と葦とその種の他の植物の茂る湖沼地帯で最も一般化しているタイプの筏は、われわれが単純化するためにパピルス筏と呼ぶものである。それは、エジプト全史を通じて使われているのがみられるあのタイプの筏である。それはエジプトの特有物ではなかった。アッシリアのレリーフは下メソポタミアでもまたこれが使われていたことを示している。あるときはパピルス製であり（なぜならエジプトのものよりは品質が劣っているにせよパピルスはこの地方でも生えていたから）、あるときは葦製であった。

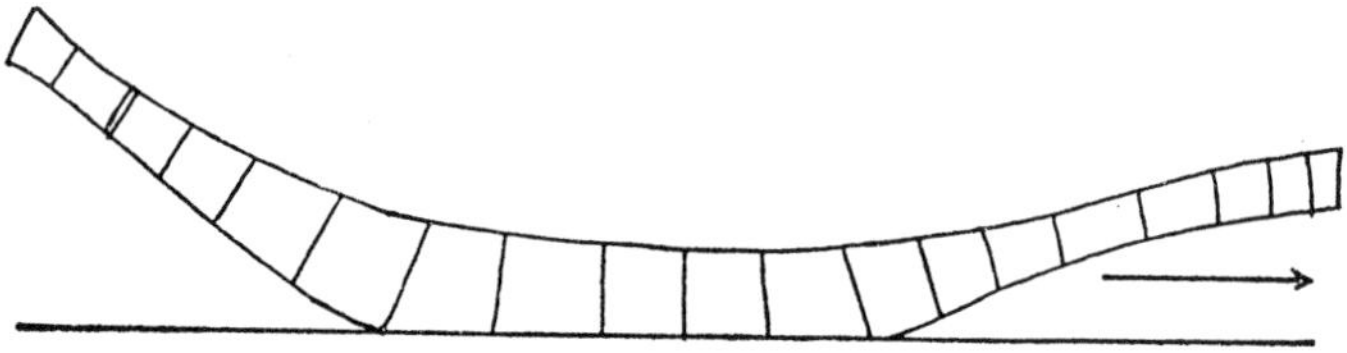

図 3　パピルスの舟

ここでもまたわれわれは永遠のタイプを見る。なぜなら、同種の葦製筏は地球上の多くの地方で今もなお使われているからだ。最も有名なのは、上ナイルの筏とチチカカ湖（ペルーとボリヴィアにまたがる湖）の筏である。束を組合せて全体を結びつけて作ってあるこの筏は、少なくともエジプトで大流行をみ、工夫された形の小さい真の船を生みだした。ついで、その形はあるタイプの木造船に引きつがれた。したがって、それらの筏の特徴は、均斉のとれていない形（船尾が船首よりも高くなっている）にあるというよりは、束の結びつきを確保し、筏の全長に及んでいる綱締めのほうにあった。これらの筏を出発点として、縁に防壁を設けることによって真の船がつくられた、というのはあり得ることである。とはいえ、問題の明快な解決には程遠い。

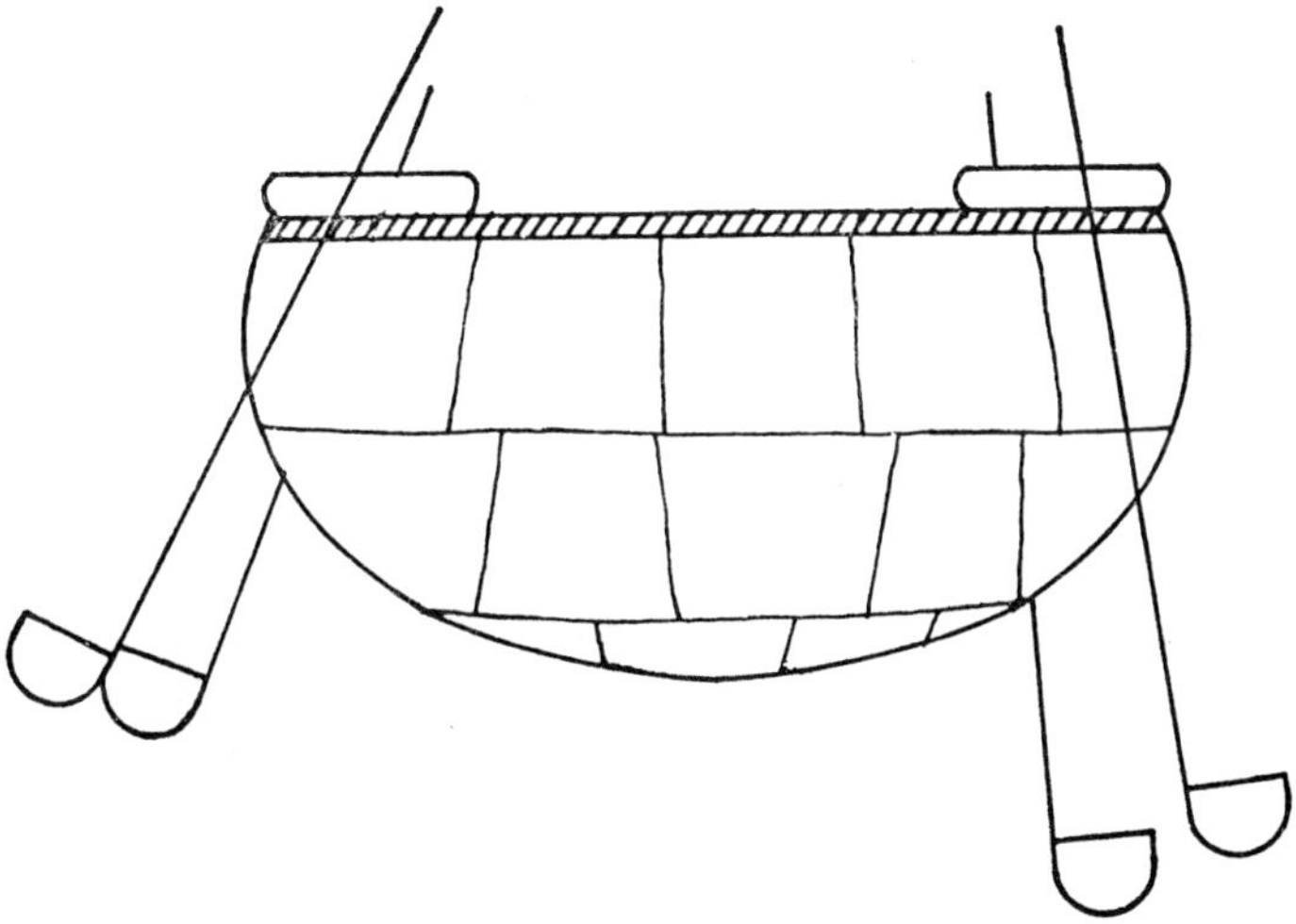

図 4　クッファ船（ニネヴェのレリーフによる）

筏タイプのこれらの形のほかに、真の小さな海上船に発達してゆく革船を加えなくてはならない（まだ小形船に属してはいるが）。ところで、われわれがこれまで見てきた航行手段は本質的には小さな川船あるいは沼船であって、海へ出るのはきわめて散発的であるほかはなかった。海へ出たという主張はなされるのであるが――。

革船には二つのタイプがある。アッシリアのクッファ船と大西洋のコラクル船である。

今も相かわらず使われているクッファ船は、縫い綴った革を、木の骨組の上に張って作った円形の船である。つまるところ、それは大きな籠である。通常は、この船は川くだりに使われ、川のぼりには役立たない。目的地に着くと、それは解体され、骨組の木は売られ、革は折りたたまれて、次の骨組用に運ばれる。これに対してコラクル船はまぎれもない海上船である。恣意的に、また単純化のために、私はこれを「大西洋の」と形容したが（なぜならコラクル船はこの海域で最もよく知られており、今もなおアイルランドの海に存続しているから）、多くの他の地方でも、とくにポント・エウクセイノス（黒海）のドブルジャ地方に見られた。カエサルとアヴィエヌス〔ローマの詩人・地理学者。四世紀に活動〕が描写しているところによれば(9)、船は龍骨と肋材による骨組をもち、その上に縫い綴じされた革が張ってある。それは円形の船ではなくて、前と後ろのある船であり、浸水を防ぐためにその接合部に塡絮《まいはだ》が詰めてある。しばしば革は、直接に骨組の上にではなく、柳の枝を編んで作ったまぎれもない最初の船体の上に張られている。この船は櫂でも帆でも動かすことができ、海に対して十分に耐久力をもっている。六世紀に、有名なS・ブレンダンが十七人の仲間と一緒に、四十日分の食糧を積んで航海し、たぶんアイルランドと思われるところに到着したと伝承が語っているのは、このタイプの船に乗ってである。

3　木造船

最も簡単な木造船、すなわち最初の木造船であった可能性を豊かにもち、早くも新石器時代から確実に出現している木造船は単材の丸木舟（木の幹の内部をくりぬいた）である。河、湖、および海で使われたこの舟は、地中海と黒海の諸地方およびナイル河、ドナウ河、ローヌ河……で実証ずみである。ローマ時代に、それははるかに広いカテゴリーである「リンテル」（船）の中にはいるが(10)、四世紀においてもまだアミアン・マルセランによって言及されている。[11] 丸木舟は、どうあっても、原始的な手段であり、非常に早く、商業、旅行、あるいは戦争のために構造船に取って代られた。しかしその構造船の建造方法は国と時代によってかなりちがっていた。

A　骨組の問題

通常、船体は互いに緊密に結合された二つの部分から成る。骨組と外皮板である。外皮板とは骨組の外部被覆である。この二つに加えて、しばしば羽目板張りがあげられる。羽目板張りとは骨組の内部被覆である。原則として、羽目板張りはかなりの数の羽目板でなされており、これは古代の船の大半のものに見られる。それらに出合うときに、われわれはそのギリシア名とラテン名を記すことにする。一般に、現代の造船では、まず龍骨の組立て、その両端における船尾材と船首材の組立てからはじめる。それがおわると、龍骨を起点として、規則的な間隔で肋材をとりつける。肋材は、二本一組となって、肋板によって接合される。肋板というのは強力な三角形の木材であって、これが龍骨につくられたV字形の切りこみによって龍骨にはまりこむ。ついで、肋材は船の方向にそった梁受材《はりうけざい》によって接合される。梁受材の数は船の大きさによって異なる。ついで、肋材の頂上部が二本ごとに船梁《ふなばり》で接合される。船梁というのは、断面図でみると肋材・肋板と同一垂直面に属していて、上部梁受材の上に位置する水平の木材である。このようにして船の骨組ができ上ると、いわば肋材と梁受材にぴったり合せて外皮板をつくる。この造船方法は古代においては、少なくとも地中海世界では、ごく僅かしか使われなかったようにみえる。

まず第一に、われわれは、古代の船が必ずしも龍骨をそなえていなかったことに留意しなければならない。典型的な例は、あるナイル河の船、とくに事実上無傷で発見された王室葬祭船の場合である。その基本の骨組は次の四グループの用材でできている。①外皮板の形をとり、肋材と肋板の役を同時に果す一連の木材。しかしその木材は外皮板の頂上までは達していない。②両舷側を結びつける一連の梁。この梁は肋材よりも数が多い。③梁は中央と両端で互いに接合されている。梁の中央では、梁の下に長い木材が置かれ、これに梁がはまっている。梁の両端では、梁の上に二本の木材が置かれ、平行して舷側に達している。④中央の木材は複数の垂直の柱の上に置かれていて、これらの柱は船底の肋材の上に立っている。

保存された実例で見られる葬祭船のこれらの部分は『死者の書』[12]で示されている記述の理解を助ける。見てわかるとおり、船の骨組はかなり脆い。それに、すべての船が骨組をもっていたわけではないようにみえる。エジプト人は、フェニキア人の国とシリア人の国から影響を受けたときから、少なくとも海の航行に関しては、フェニキア人とシリア人の船をそっくり借用したのではないとしてもその建造法は採りいれた、ということはありそうなことである。疑いもなく、テキストによって知られているビブロス（ゲバル）の船という意味は、そういうことである[13]〔ビブロスはレバノンのベイルートの北に位置する港〕。

これらのエジプトの造船法を別とすれば、通常の造船法は古代を通じて（例外があるにしても）次

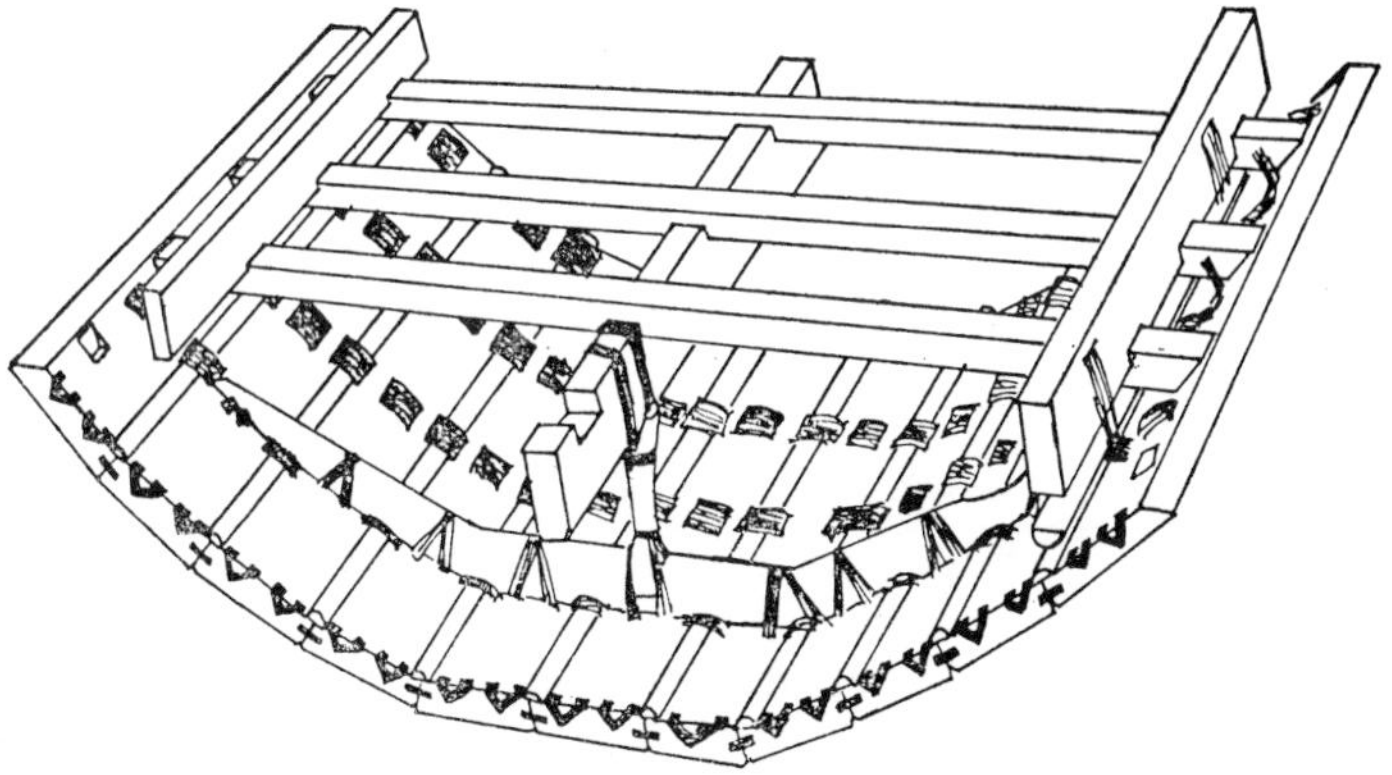

図 5　クフ王の葬祭船の断面図（B. ランドストルムによる）

のようなものがあったらしい、とわれわれはいうことができる。まず龍骨、船首材、船尾材、および肋材の内側の一部をつくり、ついで外皮板をつくる。そのあとで、はじめて残りの骨組が船体内に置かれた。外皮板と骨組は木釘で結合された。このことは、発見された残骸の外皮板の内側で、その内側を形成する板の組合せの釘を肋材が覆っているという事実によって、証明されている。

したがって、骨組は、時として下側から補強用の内龍骨で二重にされる龍骨、組合せた数本の木材でつくった曲り船首材、船尾材、肋板、および、船体の彎曲のためにしばしば二本となる肋材によって、形成される。肋板を定位置に保つために、肋板の上に、龍骨にそって内龍骨（第二の龍骨）を設けた。内龍骨の上に、あるいはそれが無いときは肋板の上に直接に、ビルジと仕切りをつける板が一枚置かれる。ビルジとは浸水と汚水を溜めるところである。最後に、梁受材と船梁が設けられた。これは櫂船で腰掛の役を果すことができた。

船の規模に応じて、船首材と船尾材の彎曲は、内側から強化することができた。一般的に、骨組の各部はその一体性を確保するために入念に釘づけされた。[14] しかし、古代エジプトにおいては、またたぶん他の地域においても、骨組の各部は、クフ王の葬祭船の場合と同じように、入念な紐締めで接合することができた。紐は航行のさいに水にぬれて、張りの力を最高に発揮するのであった。[15]

B 外板の問題

ここでもまた、特別の例がエジプトによって与えられている。なぜなら、エジプト人は大形の板をつくる木をもたなかったのでアカシアの木でつくった荷物船を使った、とヘロドトスは述べているから。アカシアはこの国で珍しく比較的豊富にみられる木の一つであり、「エジプト人はこれを腕尺《キュビット》の長さに切って、煉瓦のように組合せる」[16] のである。事実、船に所望の形を与えるためには、「彼らは長い釘を打って板を密接に結合する」。事実、ベニハッサンで発見され、しばしば図版に複製される紀元前二〇〇〇年ごろの墓室画は、小規模の板で、まぎれもない寄木細工のようにして船を作っている様を示している。[17] この画の真実性は、この方式で作られた小さな船が一八九三年に発見されたことで確証された。唯一のちがいは、ヘロドトスの断定に反して、外板の板は同一規模ではないという点である。同様に、板を接合する方法についての彼の記述は、正確に事実に合致しているわけではない。もっとも、彼の使っている、意義不詳のピクノス pyknos という単語が方法を明確にすれば、話は別だが――。実際には、板は多くの枘穴《ほぞあな》に入念に釘を打って接着されている。

この特殊例をもってすべてのエジプトの船を類推してはならないということはいうまでもない。この特殊例のほかに、大きく分けて二種の外板が通常存在するということを指摘しよう。平張り被覆と重ね張り被覆と呼びならわされている二つである。

第一の場合、板は次々に並べて置かれる。時として、板は互いに噛みあうように切断される。第二の場合には、上部の板が下部の板を覆う。古代人は、少なくとも地中海に関しては、ほとんど平張り被覆を用いた。しかし、真の問題は外板とその条列（外板の水平の線）を接合することにある。多くの古文献が縫合船（ラテン語では nauis sutilis）について語っている。それは何を意味するのであろうか。表現を的確に捉えなくてはならない。ヴェルギリウス〔ローマの詩人。前七〇―同一九〕がこのタイプの船について語ったときに(18)それが地中海からすでに消え去っていたように見えようとも、他の海では存続したのである。われわれが提示し得るこの技術の最良の例は、またしてもクフ王の葬祭船である。外板が枘《ほぞ》の助けで形態を保っていること、枘が板のあちこちに十分に深く抉られた枘穴にはまりこんでいること、全体がV字形の穴の内側を通る紐締めによって定位置に保たれていること、それらの穴が外板の内側に設けられていることを、われわれはそこに見る。とはいえ、ギリシア＝ローマ時代に、われわれが眼を注いでいる航行地域においては、通常の接合形態は外板の縁に設けられた枘穴の内側に釘で留めくさびを固定するというものである。このような組立て工事は非常に多く、骰子《さい》の目形に配置され、外板をまさに高級家具職人の仕上げと同じものとしている。はじめに骨組をつくってから完成された船のうち、わずかな珍しい例だけが、直接に外板に釘を打たれている。

骨組と外板が接合されると、船の結合力と堅さを強化するための帯板を張らねばならない。この帯板はギリシア＝ローマ時代の表現物の大半に非常に明瞭にあらわれている。それは船体表面の突起部を形成する上部条列を強化するものであり、その数は船ごとにちがう。奇妙なことだが、第五王朝のサフラ王の船のようなエジプトの表現物は、上部条列の連結を強化する補助的継目を帯板の代りとして示しているようにみえる。大形貨物船の場合には当然のこととなっているが、補助的継目が一つのとき、またしても、船体の内側に羽目板を張る。その羽目板は、浸水から船体をまもるものであって、そのため、浸水は内部にはいらないでビルジに溜るのである。このようにして羽目板張りがおわると、甲板の建造に移る。しかし、甲板はすべての船に存在したわけではない。それにまた、小形の船は決して甲板をもたなかった。

ここでもまた、エジプトの船を別扱いしなければならない。エジプトの船は必ず甲板をそなえている。もっとも、結局は板でしかないものを甲板と呼ぶということを前提にしてである。実際、エジプトの船は、骨組のない、あるいは脆い骨組をもつ船体の浅さと脆さのゆえに、船の内部に荷物をのせること、あるいは人間をのせることすらも考えられない。したがって、腰かけの役をも同時に果す非常に数の多い船梁の上に、船の全体を覆う一枚の板を置くか、そうでなければ、漕手の場所をつくるために多少とも幅のある道を両舷側に設ける。他の船の場合は、初期においては船首と船尾にしか甲

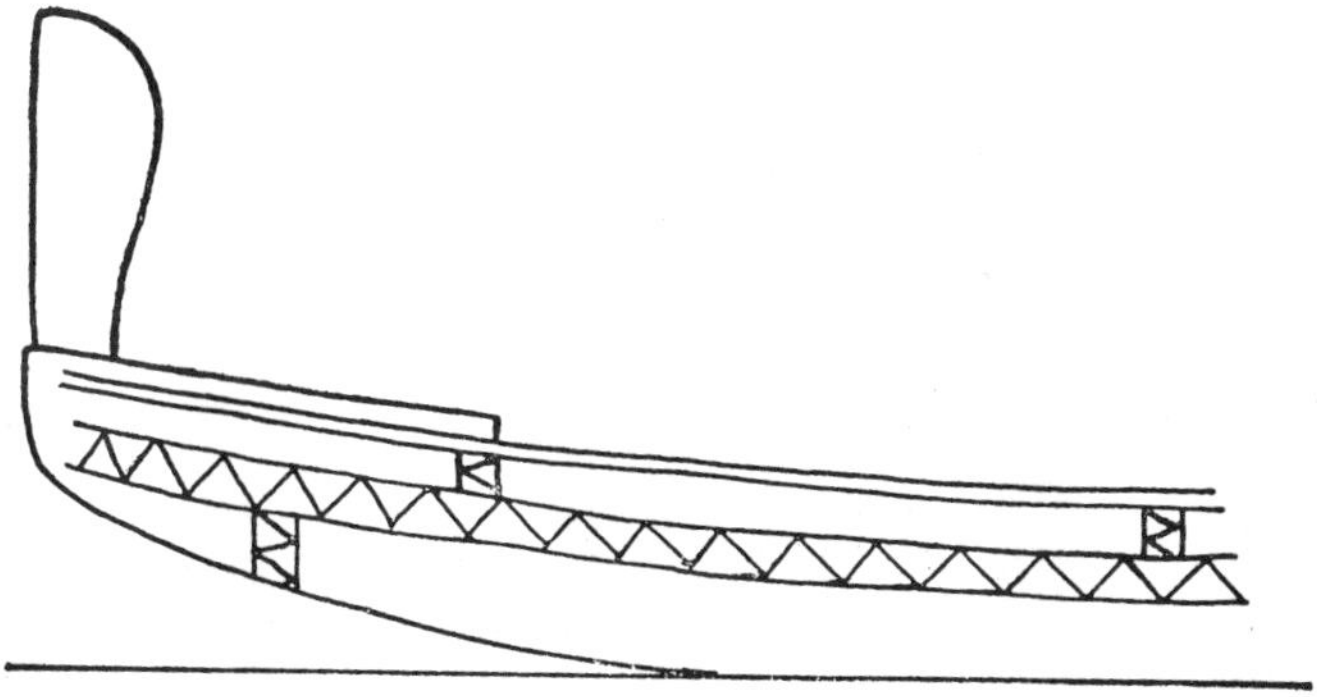

図 6　サフラ王の船の板帯

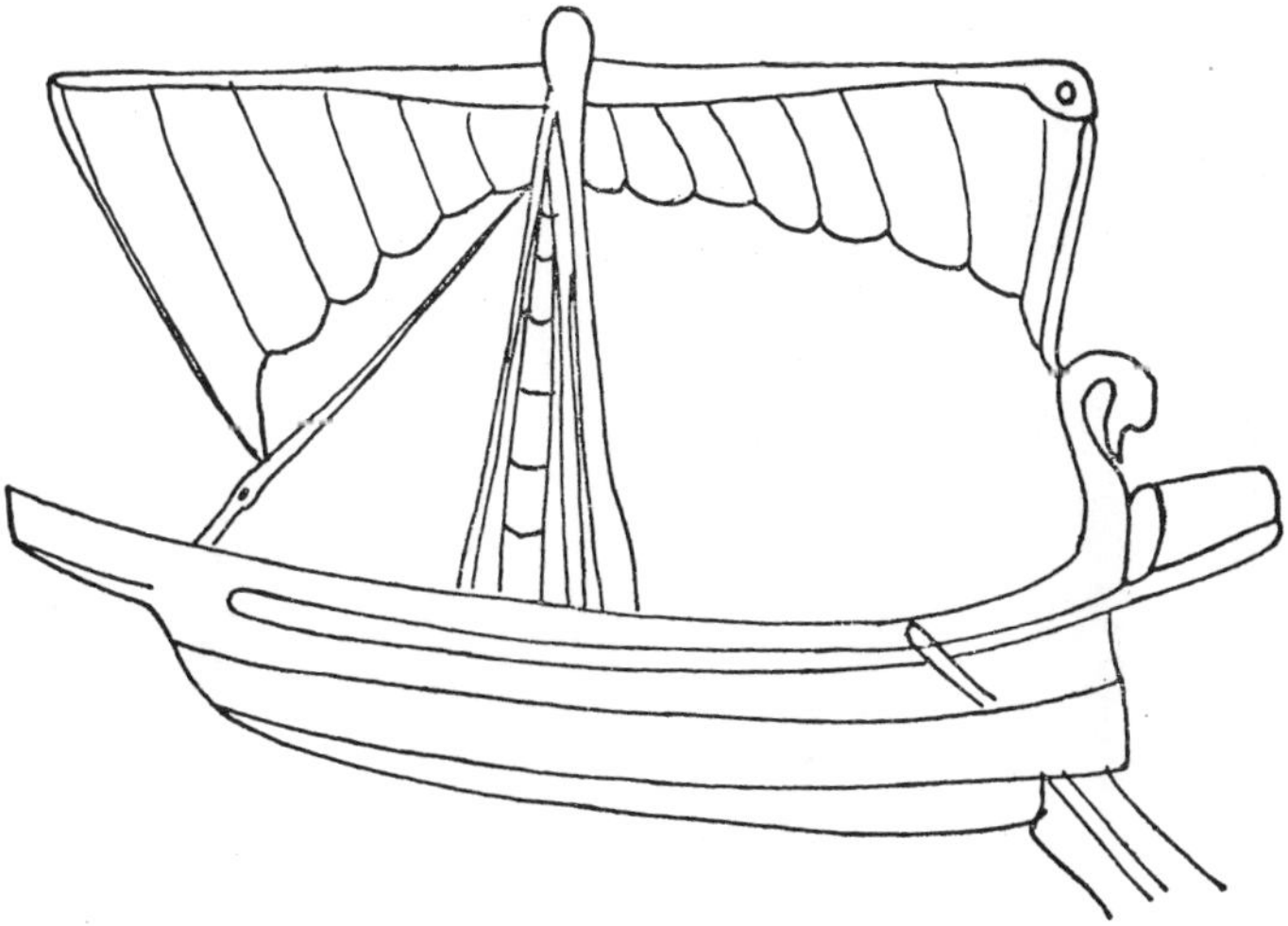

図 7　ネウオリア・ティケの船とその板帯

板がなかったとみられる。ついで、中央または側面の歩廊によって、これらの甲板を連結し、最後に、一体となった甲板を得たのである。

外皮板の用語に関するわれわれの知識は貧弱である。被覆そのものはギリシア語ではサニデス sanides と呼ばれ、ラテン語ではタブラエ tabulae と呼ばれる。釘の場合は、ゴンポイ gomphoi と、たぶんパリ pali である。帯板または外板の条列の場合は、ゾステレス zôsteres である。一体となった甲板の場合は、カタストロマ katastrôma とコンストラトム constratum である。

C　資材と被覆

アカシアの木がエジプトに豊富に生育するのでエジプト人はこの木を使った、ということをわれわれは見た。同じ理由で、彼らはエジプト・イチジクの木を使った。しかし、これは例外であって、エジプトは木のない他の国々と同様に、木を外国に求めた。シリアとレバノンの山々にエジプトがその全史を通じて関心をもちつづけたのは、そのせいである。似たような例はアテネである。アテネは、制海権をもっていたころ、造船所に必要な森をもたず、そのため、木を求めてマケドニアとトラキアへゆかねばならなかった。

通常、もっとも多く使われる木は毬果植物である。まず第一に、松である。これは非常に古くからのものであり、そのために、松 pinus《ピヌス》 という単語はラテンの詩人にあっては船と同義語となった。[19]松とならんで、もっとも使われる他の毬果植物は杉（レバノン杉が有名）と糸杉である。毬果植物のほかに、他の多くの種類の木も使われる。栗の木がコラクル船の骨組を作るために使われるとしても、樫の木はとりわけ西の海で造船材として使われたようにみえる（テームズ河で発見された現地製の古代船は樫で作られている）。地中海では、樫の木は軍船の龍骨を作るために使われる。軍船は衝角の打撃に耐え得る頑丈な龍骨を必要とするからである。逆に、樫の木は商船、遊覧船、漁船には大して使われない。あるテキストによれば、非常に大きな耐久力を要求する部品（たとえば船首材の継手を強化するのに役立つ部品）のために、りんぼくが用いられた。海底の発掘によって、楡の木が吃水部の建造にかなり大きな役割を果したこと、いくつかの非常に堅い果樹が組立部品として役立ったことが明らかになっている。(20) 例として、知られているかぎりの最古の（なぜなら青銅器時代のものであるから）残骸の一つ、すなわち小アジア南西部のケルドニア岬の残骸を構成していた木のリストをあげよう。それは糸杉とさまざまの種類の樫の木である。(21)

いずれにせよ、たえず水に接している木は緩やかな水の浸透を許す。とくに、いかによく接合してあっても、継目のところで、そうである。他方、吃水部は多少の差はあれ長い時間のあいだに舟喰虫と他の貝類に喰い荒される。この危険に対して防衛するために、古代において、後代におけると同じように、二つの方法が採られた。第一の方法は、もちろん継目を塡隙《てんげき》することである。この方法は、植物性のさまざまの資材（屑綿状に変質するものも、しないものもある）を使うことができる。エジプト人が時としてパピルスの葉を使ったとしても、古代の塡絮《まいはだ》に原料を供給したのはリンネルの屑綿状になったものであるということを、認めなければならない。これらの塡絮はローマ世界においてストッパトル stuppator（塡絮職工）の団体をつくった（ストッパトルはオスティエ港の銘刻によってよく知られている）。外被板張りがおわると、吃水部にタールが（ノアの方舟のように）、あるいは液状松脂が塗られた。しかし、少なくともギリシア時代とローマ時代には、海の生物の攻撃と戦うために、かなり巧妙に吃水部に被覆板を施していた。この被覆板はまず銅で、ついで鉛でつくられた。多くの残骸がその断片をわれわれに示している。

D　装飾と艤装

船体の問題を急ぎ足で考察してきたが、その考察をおわるまえに、船の装飾についていささか述べよう。船は、吃水線より上を彩色されていたようにみえる。このことはエジプトの船については確実である。また、海上の習慣を考えれば、他の船についても、ほとんど確実である。常に迷信深い船乗りはしばしば船首をのばし、そこに厄払いのための眼を描かせた。またそこには、船に名を与えている守護神（たとえば、イシス、ミネルヴァ、あるいはリベル）の像もみられる。船尾には、装飾を施した船尾材があり、それは多少のちがいはあれ、立っており、風にゆらぐ槍旗がしばしばその先端についている。この装飾を施した船尾材が白鳥または雁の頸と頭をあらわし、その頭が船の内側に向って折れているとき（そういう場合がかなり多い）、それはきわめて正確に「雁首《がんくび》」という名称を与えられる。同じように、前部に船首材をのばし、多少の差はあれ、そこに装飾を施し、しばしば装飾守護神と混同されるもの（その名をわれわれは知らない）もある。

船が甲板をそなえた船となるときから、甲板のまわりに保護障壁を設けることが重要となる。この障壁は、もっともしばしば、外被板の上部によって、もっと正確にいえば、外板の最後の条列を支えとする厚板によって形成される。それは、必要とあらば（たとえば荒天のとき）、取外しのできる板縁によって延長することもできる。これはプラグマタ phragmata と呼ばれるものである。他方、船倉内へ出入りするために、甲板をもつ船は一般に前部に昇降口をそなえている。同様に、甲板上に、操船に必要な多くの綱が結びつけられる、ある数の繋柱が見られる。最後に、厚板の上に、浅い海に投錨して荷下しをするさいに必要な梯子が設けられている。これらの梯子はギリシアの陶器の船の絵に必須の要素となっているものであるが[22]、港が船を波止場に受けいれるために整備されたとき、これは板のタラップに場所を譲っている。

いくつかのエジプトの船、すなわちナイル河を航行する船は、甲板の中央に設けられた室をもっている。広さに多少のちがいはあるにせよ、この室は河を行く上流階級の人物を休ませるためのものであった。この室の代用として、時どき、ほとんど船全体を覆う天幕が用いられている。この天幕もまたプトレマイオス時代のパピルスによってわれわれに知られている。全体としてみると、小形の商船およびローマ時代の小形軍船の場合、われわれは後部甲板上に設けられた室を見る。この室はローマ人のディエタ diaeta であって（その屋根は指揮台および操船台の役を果していた）、原則として船長と船内経済部門のためのものであった。この室は、貴顕の人が乗船しているときには、それらの乗客の用に供することもあった。しかし、大形船の場合には、乗客用には、オイコイ oikoi あるいはオイケセイス oikèseis と呼ばれるものがあり、裕福な乗客用には、まさに一揃いの室がある。他の乗客は甲板または船倉で旅をする。多くの室、食堂、浴室等をもつ豪華船の問題は別のことである。ここにいう豪華船とは、原則として君主のために作られ、ナイルあるいは海岸の非常に近くを小刻みに航行するエジプトの船あるいはローマの船のことである。[23]

たしかに、豪華船に関する最も興味ぶかいテキストの一つは、エジプトからトロヤ地方まで航行する、さながら一都市のような大豪華船を示している。しかし、テキストが事実に関係しているかぎりでは、その船の失敗そのものが、われわれのさきに述べたことを確認するものである。[24] 古代末期の船の残骸で、かなりよく設備された調理場がディエタの下から発見されている。[25] 他の船についても、事情は同じであっただろうか。それはいつからであっただろうか。他方、いくつかの船の残骸の後部から、火で焼けこげた共同の食器類が発見されたことは、調理場の存在と関係があるようにみえる。[26]しかし、だれのための調理場であったのだろうか。テキストで知るかぎりの航海の慣例からすれば、なお後世に至っても、乗客は食糧を自ら用意しているのであって、ただ飲料水だけが船から支給されている。寄港地ごとに中身をいれる木製または陶製容器を指すエンテカ entheca という用語はここに由来する（マルセーユで発見された例が示すように、港には保存飲料水があった）。したがって、調理場があるなら、それは原則として乗組員たちのためのものである。なぜなら、乗組員たちは、いかに粗末なものであろうと自ら食事を用意するという可能性をもたないから。このことは、乗組員のできる範囲内で、ある乗客たちが調理場を使った可能性を排除するものではない。[27]

第三章　造　船──艤装と武装

標題からすれば、この章を造船の問題に限るべきかもしれない。しかし、必要上、われわれは船の艤装と武装に関するすべての問題にも、すなわち、太索による外舷保護帯、マスト、帆、索具、操舵具、および錨にも、記述を及ぼすこととする。

1　外舷保護帯

ここでは、外見上かなり違ってみえる二つの様相であらわれる一つの問題を考察する。すなわち、一方でエジプトの記念物の解釈をし、他方でギリシア＝ローマ時代の銘文とテキストの解釈をする（後者の中で最も有名なものは『使徒行伝』である）。もちろん、考察対象は、時機を失して導入された技術、すなわち船体と骨組の間に完全な調和を確保できない技術、その技術から生じた結果である。こうして、結合を強化するために、張ることと締めることのための太索の体系が用いられ、これが船のまわりの真の帯位を形成していた。

〔第五王朝〕サフラ王の船は、船尾と船首に、強力な太索による二本の外舷保護帯を示している。その両端は入念によりあわせた塊になっており（一本がそれぞれの塊をもつ）、その二つの塊の中を閂《かんぬき》が通っている。この閂はまた、軸となっている長い強力な太索の塊の中を通っている。この太索は外舷保護帯の前部と後部とを結びつけており、さらに甲板を露出しておくために一連の金属製支柱を支えとしている。全体をぴんと張らせるには、小さな閂を、軸となっている太索のまんなかに通し、所望の張りが得られたときに、その閂を中央支柱に寄せて固定する。

この方法は新王国時代の船、すなわち〔第十八王朝〕ハトシェプスト女王の船にも表現されている。ただし、いくつかの興味ぶかい改変修正がおこなわれている。外舷保護帯の前部と後部は全面的に索具による帯となっており、通索孔を経て甲板上に出ている。他方、前部外舷保護帯、後部外舷保護帯、軸となっている太索はまさに全体がただ一本の太索であるにすぎないようにみえる。さらにまた張りを得る方式はもはや同じではないということも、あり得る。ある著述家たちによれば、張りは、この時代からは、付属の索具の助けによってマストの最も長い太索を締めることで得られる。そのさい、付属の索具は、所望の張りが一たび得られると、マストの最も長い太索を定位置に保つ役目をする。(1) このような装置は、最大限の骨組をそなえた大航海用の船にしかほとんど見られないのであるが、これは二重の目的をもっていたはずである。すなわち、船体と骨組の結合を確保するとともに、あるタイプの中国船にみられるような船首・船尾の結合を確保するということである。(2)

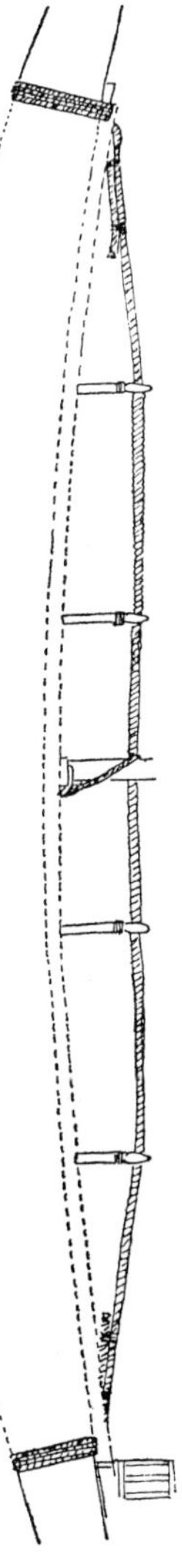

図8　ハトシェプスト女王の船の張り綱

ギリシア＝ローマ時代の問題は、アテナイの三段櫂船の発明によって、(3) また聖パウロをローマに運ぶ船が嵐におそわれたときに乗組員がヒポゾマタ hypozomata を固定あるいは締め直したという事実によって、(4) われわれが知っているあのヒポゾマタである。したがって、問題はこれが垂直の外舷保護帯であったのか、水平の外舷保護帯であったのか、ということである。この二つの仮説のうち、第二の仮説のほうにいくつかの事実は味方している。主要なものは次のとおりである。資料によれば、ギリシアの軍船は四本に及ぶヒポゾマタをもっていたのであり、「船にヒポゾマタをそなえつける」という表現は船を使用できる状態にすることを意味していた。ところで、軍船（この場合には三段櫂船）は海に浮べておく船ではない。原則として、寄港地では船は陸に曳きあげられるのである。ヒポゾマタが垂直の外舷保護帯であったなら、一作戦に多くの回数の陸地曳きあげに耐えることはできなかったであろう。したがって、帯板の力を強める役を果したのはまさしく水平の外舷保護帯であると考えなくてはならない。太索は船の全体をかこんでいたのであり、そこから出ている二本の分れ綱は後部で内側にはいり、太索を多少とも張る装置に繫がっていたのである。その名はわれわれの知っているものであり、それ以外のものではない。すなわち、トノス tonos あるいはエントノス entonos である。(5)

2　推進手段

最も単純な推進手段は、われわれがエジプトの表現物に見るような櫂であり、小船の甲板の上に腰かけて、あるいは膝をついて操る。(6) しかし、習慣的な二つの手段は櫂と帆である。

A 櫂

しばしば帆と併用して、小形あるいは中形の船の普通の推進手段となる櫂は、同じ併用の仕方で、軍船の手段ともなる。すなわち、一般に、櫂は縦横比のかなり大きい船にみられる。はじめ、櫂の形は丸木舟用櫂と大差がない。エジプトの表現物は、丸木舟用櫂から櫂への移行を観察させてくれる、といってもよい。

大きな二つのちがいは次のとおりである。①丸木舟用櫂は船首を向いて操るものであり、漕手との関係からいえば、丸木舟用櫂の水搔きの動きは前から後ろに向っておこなわれる。ところが、櫂を漕ぐときには、普通、漕手は船首に背を向けており、漕手との関係からいえば、櫂の水搔きの作用は後ろから前に向ってなされる。②丸木舟用櫂は固定されていないが、櫂は船壁に、あるいは船壁に固定された装置に支点をもつ梃子である。

エジプトの漕ぎかたはシャルル・ボルーによって詳しく研究されている。それはかなり奇妙なものである。まず第一に、櫂は、たぶん綱輪で船縁《ふなべり》に固定した丸木舟用櫂にすぎず、水搔きは長方形ではなくて槍の穂の形をしており、接点は水搔きに非常に近いところにあり、そのために柄が異常に長い。漕手は船の底に足を置き、船梁《ふなばり》が漕手の腰かけとなる。柄の長いことは、漕手のさまざまの姿勢を説明する。まず第一に、立っている彼は、水を打つためにできるだけ後ろに水搔きを置く。ついで、水掻きが水中を動くあいだ彼は腰をおろし、身体を著しく後ろに持ってゆく。最後に、一漕ぎがおわると、彼は立ちあがり、前方に身体を倒し、水掻きを漕ぎはじめの位置にもどす。[7] このような漕ぎかたは海上航行には大して向かなかったはずである。なぜなら、横揺れと縦揺れは作業中の漕手を著しく妨害したであろうから。たぶん、このために、われわれは、この漕ぎかたをエジプトのナイル航行に関してしか知らないのである。

すべての他の資料は、その地域がどこであるにせよ、われわれのオールに非常に近いものを示している。すなわち、それらは長方形の水掻きをもち、固定点に対して多少なりとも不均斉な柄をそなえている。腰掛けの上で尻がずれてゆくために、長距離をゆく漕手は軍船の場合のように座布団を用いた、という事情はこのことによって説明できる。描かれた物の大半によれば、漕手は甲板の高さに位置し、櫂は舷檣《げんしょう》の基部に設けられた舷窓を通っていた。そして、舷窓には橈《かいう》受けと索輪《つなわ》が設備されていた。

櫂は帆に比べて大きな利点をもっている。それは、風に依存しないということである。したがって、大形帆船はつねに、さまざまな名称で呼ばれるランチを、甲板に載せたり、あるいは曳き船して、そなえている（ランチの名称は最もしばしばスカポス Skaphos であり、これをラテン化したものがスカプウム Scaphum である）。このランチは救助船の役を果すことができるのであるが、船が外国船の停泊できる停泊地に投錨するとき、岸と連絡をとるために使われる。しかし、また、港で船を曳いて埠頭につけるために、あるいは出発のさいに風の吹く沖合いに船を曳いてゆくために、川をさかのぼるさい、または凪《なぎ》のときに船を曳くために、役立つ。もっとも、この最後の用途は、そののろさのゆえにかなり稀なことであった。

B　帆

帆は、ぬきんでて、大形商船の推進手段である。それは、風が好条件のときには、沿岸航法混用の船で、また戦闘以外のときの通常航海の軍船で、使われている。われわれがここで帆と呼ぶものは、マスト、帆桁、厳密な意味の帆、それらを保持し作動させる索具を含むまぎれもない複合体である。

われわれの知っている最初の帆船は、またしてもエジプトの船である。帆の使用は古王国時代に、十分に確立された形であらわれている。しかし、当時、主たる独自性は議論の余地なくマストの形にある。絵画とレリーフがわれわれに示すものの大半は、エジプトのその時代にしか見当らないタイプ（ただしエジプトにその他のものがないということではない）、われわれが起重機との類似から起重機型マストと呼ぶタイプに、属している。一般に考えられているところによれば、その由来は、パピルス船の場合にマストの全重量をただ一か所にかけないようにする必要に迫られたことにある。したがって、このマストは基底部で著しく引き離されていて頂上部で合一する二本の支柱によって、形成されている。ガタが来ないようにするために、二本は上部で、梯子の格《こ》に似た部品によって結合されている。時として、マストの頂上は後部に向って突起部をなす受けをそなえている。これは帆桁の位置を確保するためのものである。マストが立てられるとき、支柱は底板の内部につくられた穴にはまり、

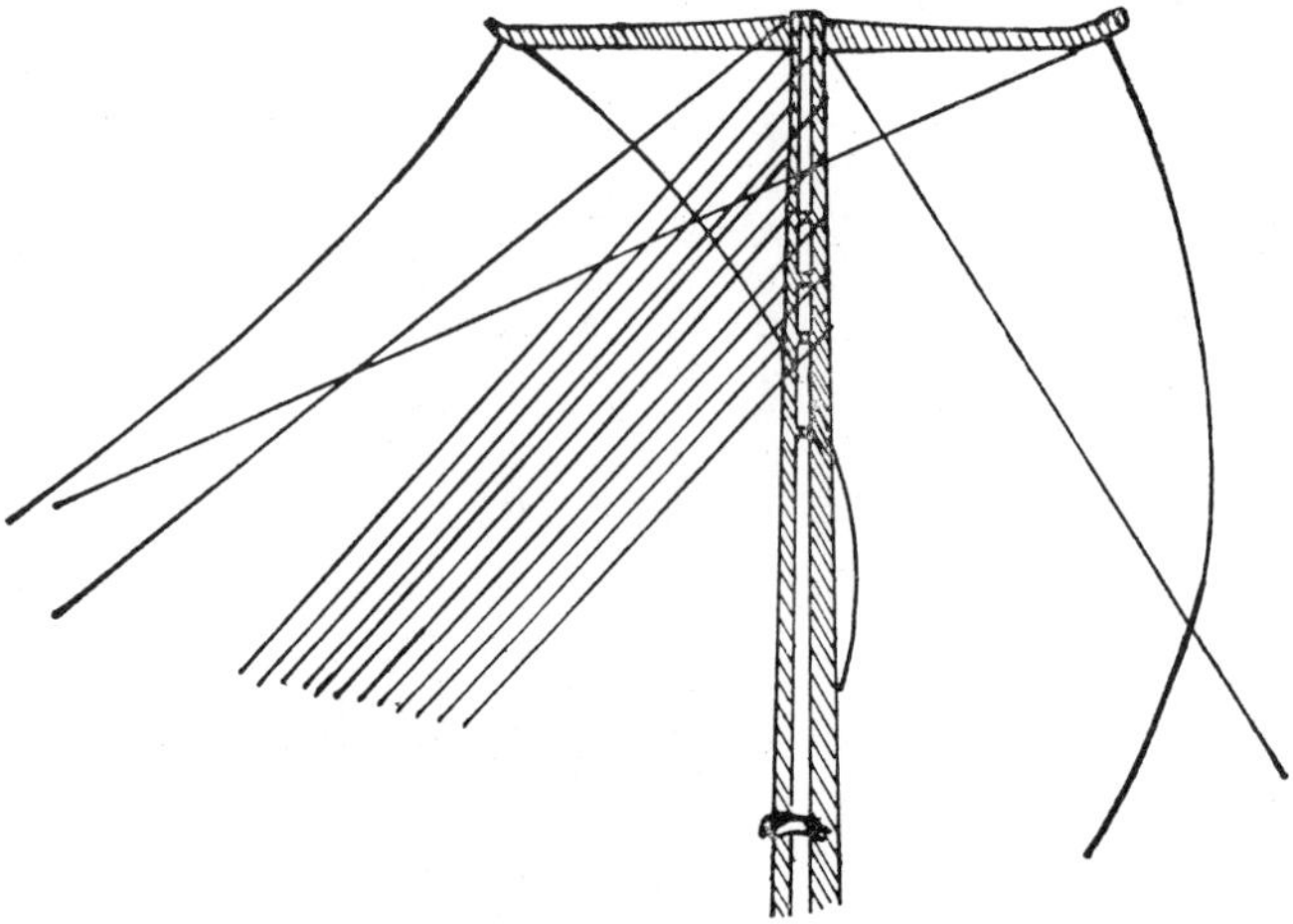

図 9　起重機型マスト

この檣根座《しょうこんざ》は、これを船縁《ふなべり》に結びつける索具によって補強されている。このタイプのマストは、われわれはサフラ王の船のマストである。もっとも、われわれはサフラ王のマストの使用中の状況を知っているのではなくて、甲板の上に半ば倒され、その頂上が、二本の小マストに結びつけて弛《たる》ませた索具を台として置かれている、という形で知っている。起重機型マストの根が堅固に固定されるなら、マスト自身もまた堅固に支檣索で固定される。マストには頂上で固く締められた支索があり、これがマストと船首を結びつける。他方、一連の支檣索はマストの支柱につくられた穴を通っていて、これがマストと船尾を結びつける。

しかし古王国時代には、ただ一本の垂直の柱で作られている単純マストも知られていた。そのさい、柱は甲板の上で、一本の船梁《ふなばり》に根をつけている。これは縮小模型に見られる。基底部はそのうえ、船底から来ているようにみえる強固な支柱に堅く縛りつけて固定されている。マストは非常に高かったようにみえる。マストは著しく船首に近く置かれている。その結果、中王国時代以降は、単純マストしか存しない。それは、檣根座のシステムを保存しているとしても、高さは低くなっており、また位置は船の中央部に近づいている。

他のすべての船のマストは単純マストである。大プリニウス〔ローマの著述家。二三—七九〕の証言によれば、マスト材として好んで樅が用いられている。もっとも、マストがただ一本の材木でつくられることは稀である。一般に、単純マストは船梁の内側を通るか、あるいは船梁にマストを縛りつける頑丈な保護索の中を通っており、その基底部は内龍骨または龍骨の上に堅固に固定された檣根座に来ている。この檣根座は太い木材で作られていて、マストの根を固定するための凹みがあり、固定のさいにその凹みの中に小板が詰められる。商船の場合には、マストの取り外しは絶対的必要のときのみに限られていた。したがって、マストの樹立は、建造物の定礎式に比ぶべき儀式を伴うべきものであった。それゆえに、いくつかの船の残骸の檣根座の凹みの底に発見された硬貨は、定礎式の寄進物と同一視することができる。エジプトの船の場合と同じように、これらのマストは、前方に対しても後方に対しても、堅く支檣索で固定されている。

古典ギリシア期からあとに生ずる真の問題は複数マストの問題である（ミノア期の印章を複数マストの表現と見る解釈には信用が置けない）。しかしながら、古代人はわれわれの檣楼トップのついたマストあるいはトガンマストのような上乗せしたマストを決して知らなかった、ということにわれわ

図10　ローマの三本マスト

れはまず第一に気付く。それを別とすれば、二本マストの船さらには三本マストの船さえもあったことを、われわれは知っている。それらの船のうち、二本マストの船が非常にしばしば表現されている。二本マストの船は、船のほぼ中央に大マストを、前部に別のマストをそなえている。大マストに問題が生じないとしても、前部マストはそうではない。表現されたものを見ると、一つの問題が生じている。傾きという問題である。実際、大マストはつねに直立しているのに、あるいは厳密にいえば僅かに前方に傾いているのに、前部マストは船首材の上のほうに傾いており、それでいて第一斜檣《しゃしょう》のようなほとんど全面的な水平状態にまでは達していない。これは、芸術家の技巧ではなくて現実なのであり、そのことは、前部マストがどのように大マストに似た状況で根を固定していたかを示す落書きによって、十分に実証されている。前部マストは大マストのように堅固に、ただし後方に関してだけ、支檣索で固定されていた。[9] 後代のいくつかの硬貨および末期ローマ帝国の記録（Notitia dignitatum）についている一枚の挿画は、直立の前部マストを示している。普通に考え得ることとは反対に、これは芸術家の気紛れでもなく、後代の発明でもない。実際、かなり最近に発見された、「船の墓」と呼ばれるエトルリア人の墓は、使われることが稀であったとしても古代人が直立前部マストをかなり早くから知っていたことを、われわれに示した。[10] 三本目のマストはどうかといえば、それはいくつかの記念物によって、とくにオスティアの共同組合広場にあるアフリカのシレクトム港（チュニジア）の船状のもののモザイクによって、実証されている。[11]

古代人はさまざまの形の帆を知っていた。そこで、L・カッソンは、帝制時代から、いやそれよりずっと前から、斜杠《しゃこう》帆《ほ》が知られ、使われたことを示した（斜杠帆とは、マストのただ一方のがわに置かれている、真四角または長方形の、帆桁なしの帆。帆を動かすには、帆の対角線に一致する移動円材——斜杠——を用いる）。その発明は十五世紀のオランダの航海家に帰せられた。これに反して、帆桁が著しく傾いている大三角帆（フランス語では Voile latine＝ラテンの帆＝というが、ラテン民族とは何の関係もない）の出現を古代からとすることに、私は疑問をもつ。実際、カッソンが用いた具象表現の記念物はほとんど証明力をもたない。それらは、部分的に畳まれ、帆桁を著しく斜めにした四角帆である可能性をもっている。[12]

われわれはこれらの帆に長くかかずらうことはしない。これらは、かなり稀なものであったように

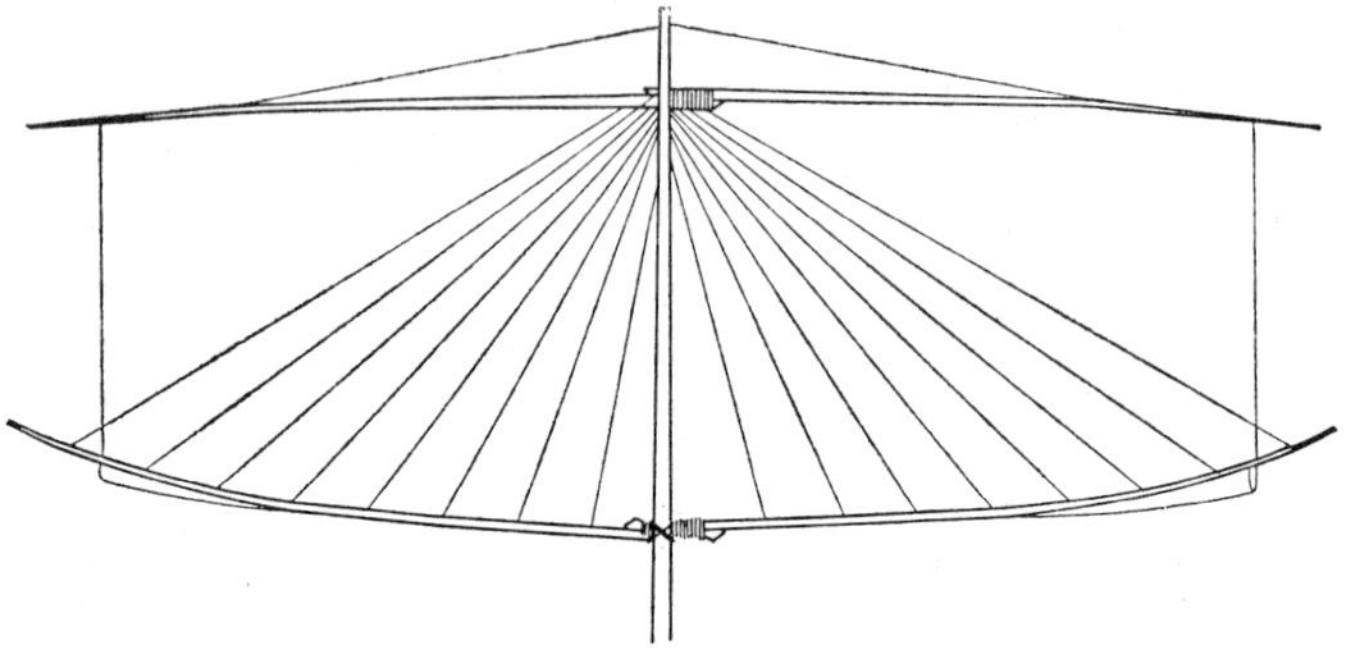

図11　エジプトの帆

見え、また記録に痕跡を残さなかったからだ。

これに反して、われわれは、古代を通じて抜きんでて最も多く使われた四角帆については、くわしく検討することとする。四角帆の原理は大ざっぱにいって至るところで同じであった。とはいえ、ある程度の進化はあった。エジプト古王国時代の帆は、中王国時代のものとはちがっており、また両者はギリシアの帆あるいはローマの帆とはちがっている。ギリシア＝ローマの帆を見る前に、われわれは、次のことを指摘しておきたい。エジプトの帆は下部帆桁の存在によって特徴づけられていること、古王国時代の帆は横幅に比べて高さが非常に高く、甲板の近くまで下っていること、新王国時代の帆は、反対に、横幅が非常に広く、高さは非常に低く、通常の位置にあるときには甲板よりずっと高いところにあること――である。

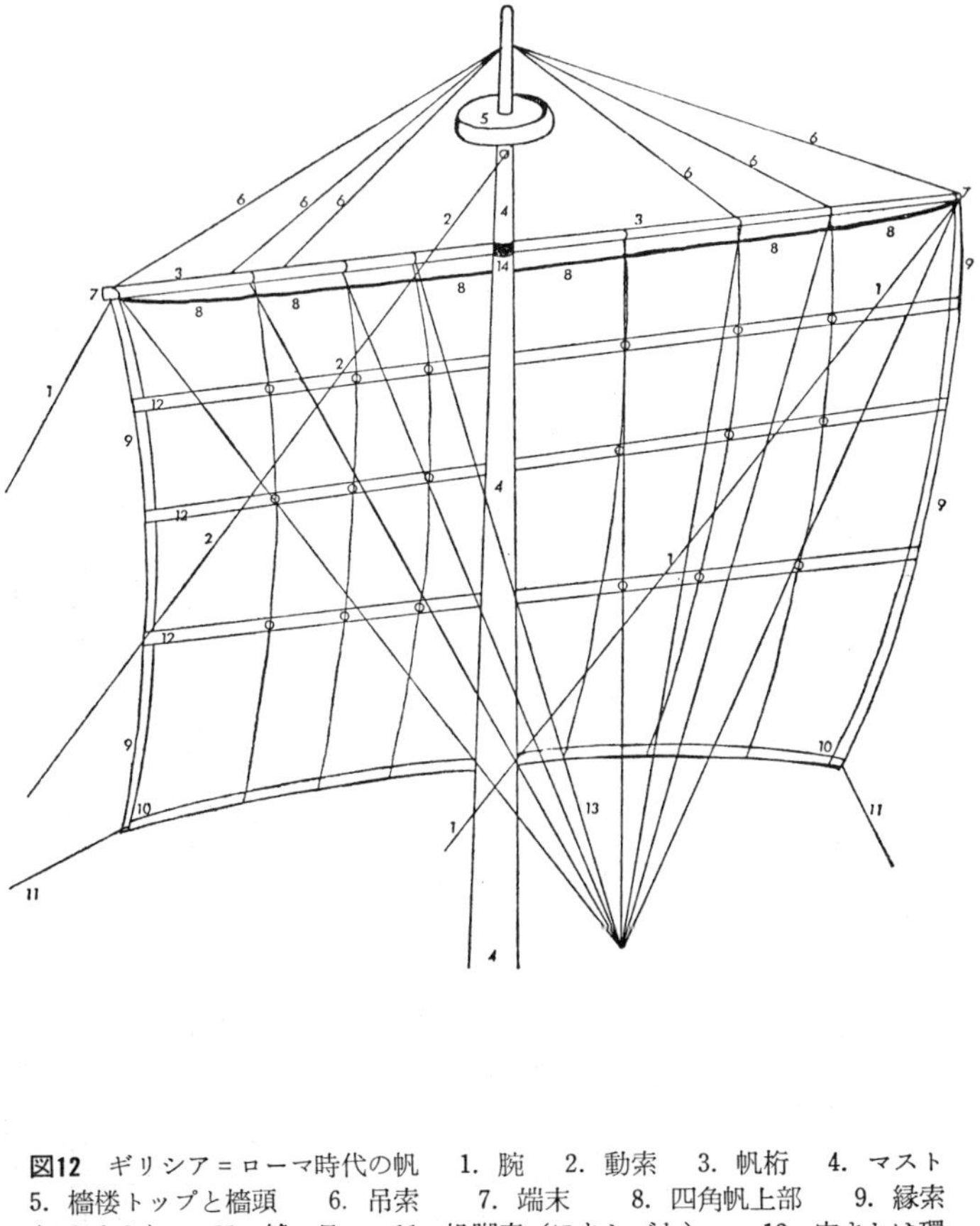

図12　ギリシア＝ローマ時代の帆　1. 腕　2. 動索　3. 帆桁　4. マスト　5. 檣楼トップと檣頭　6. 吊索　7. 端末　8. 四角帆上部　9. 縁索(ふちなわ)　10. 縫い目　11. 帆脚索（ほあしづな）　12. 穴または環をもつ水平補強布　13. 絞帆索（しぼりほづな）　14. 摩擦防止索具

ギリシア＝ローマの通常の帆は、二本の円材を索巻きで固く結びつけた一本の帆桁によって、保たれている。索巻きとは、細い綱でぐるぐる巻きにすることである。帆桁は、マストの頂上にある滑車すなわち巻揚機の上を通っている動索を用いて揚げ下げされる。最もしばしば、この滑車はマスト自体の内側に掘られた檣頭の中に置かれている（エジプトの起重機型のマストの場合、滑車はわれわれが叙述した安全止めに装置されたという可能性がある）。ある人びとは、多くの船の上に、とりわけ軍船の上に、帆桁の操作を容易にし、船員に求められる労力を軽減するような二重動索があると考えている。(13)

この帆桁は索具によってマストに結びつけられている。この索具は多くの議論の対象であり、あとでわれわれは再びこのことにふれる。多くの表現物に、われわれは帆桁をマストの頂上につないでいる索具をみる。これはわれわれが吊索《つりづな》と呼ぶものである。それはエジプトの船に、中王国時代からあらわれていて、すでに、ある船の場合には複数である。ところが、初期のギリシアの船に、それは見当らない。したがって、クレタとミケナイの船が（表現物で解釈できるかぎりでは）吊索をもっていたことを思いあわせると、この面ではある退歩があったようにみえる。

しかし、かなり早い時期に吊索は再びギリシアの船にあらわれる。ローマ時代には、エジプト中王国時代と同じように吊索はしばしば複数となっているようである。実際、記念物は、帆桁とマストの頂上を結びつけている、あるいはそのように見える多くの索具を示している。ただし、それを吊索と見ることで万人の意見が一致しているわけではない。この問題を解決するためには、帆自体および帆を小さくする方法――それは現在では縮帆部を作っておこなわれる――を検討しなければならない。

実際には長方形であることが最も多く、また台形でさえもある四角帆は、一本または数本のリンネルの綱で作られている。数本といっても互いに堅く縫合されて一本となっている。[14]時として革で作られた水平帯で強化されている。帆がリンネル製であることは、カルバスム carbasum というラテン語が帆を指すものとして、はじめは詩的に、ついで実用に用いられたことの説明となる。なぜなら、この単語はリンネルを意味するのだから。

帆の縁は普通、縫いあわされた綱で強化され、ぴんと張られている。この綱は縁索《ふちなわ》と称するものであって、いくつかの記念物にはっきりとあらわれている。[15]帆は帆桁と結ばれている。両者の縁をつなぎあわせる方法によってである。綱は非常に抵抗力のつよい上質のもので、帆の上部と帆桁を交互に巻いている。ギリシア＝ローマの帆の場合、補強帯に、規則的な間隔で、ブロンズの環が縫いこまれている。その実物は海底発掘で多く発見されているが、その環が綱通しの孔であることを示している。帆の下部で堅く締められた絞帆索《しぼりほづな》は、綱通しの孔を通り、ついで、帆桁に吊られた滑車を巻き、最後に、絞帆索の操作場である甲板におりてくる。したがって、帆を小さくするときは、絞帆索を引っぱる。すると、帆は日除けのように畳まれてゆく。ある人びとは、ローマ時代に絞帆索をマストの頂点に集めることによってこの装置の進歩がなされた、と考えている。彼らによれば、われわれが複数の吊索《つりなわ》とみなすものは完全に無用であり、絞帆索に他ならぬというわけである。[16]しかし、この仮説は成りたたない。なぜなら、船の表現物は、われわれが述べたように吊索でしかあり得ない綱[17]と、絞帆索とのあいだに数字上の関係は全くない、ということを示しているから。

帆と帆桁の全体は、対《つい》になっている確実に二本の、たぶん三本の、綱によって操作されている。帆桁は、その両端から出ている腕木により、風に応じて方向と傾きを定められる。動きに従う帆は下部の角《かど》（点）で固く締めつけられた帆脚索《ほあしづな》で、下部から保持される。しかし、現代の帆とは反対に、帆脚索は下隅索によって補強されていない。最後に、一部の著述家は、古代エジプトの時代からすでにはらみ索《づな》があったと考えている。これは、中央部で後縁の帆縁綱《ほえんづな》の上に締められた綱であって、風に対してよりよく帆をぴんと張ることを可能とする装置である。しかしながら、これはほとんど不確実にみえる。もっとも、かなり最近になってチュニジアで発見されたモザイク[18]に、帆を全開しているみごとな二本マストの図がある。これはたぶん（？）例外である。

ギリシア＝ローマ時代の帆の叙述をおわるにさいして、大檣帆《だいしょうはん》の上に重ねて置かれた高い帆が存在したことを指摘しておこう。この三角帆は、時としてただ一枚で、時として二枚の半分帆で作られており、その下部が大檣帆の帆桁に結びつけられ、上部はマストの頂点に結びつけられていたようにみえる。セネカの文章を信用して、これはローマへの補給食糧を運ぶアレクサンドリアの船の特徴である、と主張する者も時としてあらわれた[19]。しかし、アレクサンドリアの船にそんな特徴は存せず、われわれがすでに述べたシドンの船は他の多くの船と同じように高い帆をそなえている[20]。これはローマ帝国の発明であろうか。あるいはその父権をギリシア時代に帰すべきであろうか。今のところ、問題は未解決である。

大檣帆はいかなる風の場合にも活動した。しかし、前方帆の役割は何であったのだろうか。それは高さだけが大檣帆とちがっていて、後ろから来る風の場合には、完全に大檣帆に風をさえぎられるのであるから。したがって、これは、横風または逆風の場合の航海に、ほとんど専用であったと考えなくてはならない。たぶん、そのとき、この帆は最大の効用をもち、同時に嵐のときに避難用の帆として最大の効用をもったのである。

C 帆に関するギリシア＝ローマ時代の用語

記念物に即してマストと帆と索具とについて一応の叙述をすることは、さして複雑な問題を伴わない。しかし、索具のさまざまな部分と、文学的、辞書編纂的、パピルス学的、碑銘学的資料との関係を明らかにするということになると——ただギリシア＝ローマ時代だけに限定しても——少なくともいくつかの用語に関して、専門家のあいだにまさしく論争の種をまくことになる。それゆえ、われわれは万人にその意味が承認されている用語のリストをあげることから始める。付加物を除いたマストおよび帆は、ギリシア語ではヒストス histos およびヒスティオン histion（複数形）と呼ばれ、ラテン語ではマルス malus（またはアルボル arbor）およびウェルウム uelum と呼ばれる。帆桁は、ギリシア語では（以下単数形—複数形の順）ケライア keraia—ケライアイ keraiai、ラテン語ではアンテムナ antemna—アンテムナエ antemnae であり、複数帆桁の場合は二本の門で作ってある。同様に、帆桁の端末はケラス keras—ケラタ kerata、およびコルヌ cornu—コルヌア cornua である。マストの上部の全体は、檣楼トップと三角帆マストの檣頭をも含めて（それらが存在するときは）カルケシオン karchesion—カルケシウム carchesium である。索具については、スコイニオン schoinion—スコイニア schoinia は優先的に太い索具を指す一般用語であるとみなすこと、またマストの支索はプロトノス protonos、吊索はケロウキ kerouchi—ケルキ ceruchi、帆脚索はポデス podes—ペデス pedes あるいはプロポデス propodes—プロペデス propedes であるとみなすこと、が大方の同意を得ている。これに加えて、上部の帆はシッパルム sipparum またはスッパルム sul p rum である可能性がつよい、ということをわれわれは記しておきたい。

しかし、その他については、議論の領域であり、対立する立場の出る領域である。したがって、細部にはいることは不可能である。そこで、私としては、かなり特徴的とみえる二つの例だけについて例をあげることとする。

①アルテモ artemo とは何であろうか。これをマストと前方帆を指すと考えることは大方のほとんど一致しているところであるとしても、この単語はテキストの明晰さの欠如のために多くの問題をなげる。アルテモは固定マストであろうか。それとも、固定マストの代りに置かれた仮マストであろうか。アルテモとドロン dolon との間に、いかなる違いがあるのだろうか。ドロンは、これまた前方帆であると、われわれは教えられているのだから。マストとしてのアルテモと滑車としてのアルテモとの間に、いかなる関係があるのだろうか。なぜならアルテモという名をもつ滑車があるのだから。

②アンコイナ ankoina—アンキナ anquina とは何であろうか。それは索具であるが、紀元前七—六

世紀から紀元後六―七世紀にわたる、すなわちアルカイオス〔ギリシアの神。ペルセウスの子〕からセヴィリアのイシドール〔スペインの教会博士・聖人。五六〇ごろ―六三六。古代ギリシア＝ローマ文化の研究紹介に貢献した〕に至る期間にまたがる、きわめてわずかなテキストによってしかわれわれに分っていない。J・S・モリソンとR・T・ウィリアムズにとっては、この用語はまず帆桁の索巻きを指し、ついで古典時代には支檣索を指したであろう。(21) L・カッソンにとっては、この用語は二重動索に他ならない。(22) 多くの著述家にとって、とくに私がはじめは同意したE・ド・サンドニの見方では、それはヴェルギリウスの後代の解説者であるセルヴィウスとセルヴィアのイシドールによって出された定義のとおりに、帆桁とマストとの摩擦を防ぐためにマストの周囲に取付けられた索具ということになる。(23)

現在の私は、過去に意味上の変化が生じたと考え、動索を指すために紀元前四世紀に用いられた単語が、ついに、帆桁とマストとの摩擦を防ぐためにマストの周囲に取付けられた索具に適用されるに至ったと考えている。付け加えていいたいことは、この単語は、帆桁とマストとの摩擦を防ぐためにマストの周囲に取付けられた索具をさすようになったことから、あるいは、一たん帆桁が定位置にはいるやデッキからその索具を締めることを可能とする複滑車をさすようになったことから、ロマン諸語の中に定着した、ということである。(24)

3　操　舵　具

最も簡単な操舵具は、櫂で進む舟の場合は、前進用器具自体である。しかし、後部に操舵具を設けることは、はるかに便利である。なぜなら、それは舟の進行も安定も阻害しないから。前部の操舵具の場合、それは、急な流れの川をくだる筏の上でしかほとんど使われず、したがってわれわれのテーマとは無関係である。覚え書きとして、われわれは古代から知られている特殊な一例をあげておく。それは、必要な場合には舟の進行方向を、回転しないでかえることができるように、舟の両端に操舵具をつけている、全く対称的な舟の場合である。(25)

紀元前五世紀の古代エジプトの時代から後代にまたがって見られるいくつかの図像は、操舵のために一本の簡単な船尾の櫂を使う小形の舟を示している。その中のいくつかは、前進方法が描かれていないにせよ、一種の艫櫂《ともがい》であると考えられる。われわれに知られているエジプトの舵の、種々のタイプを要約して叙べたのち、ギリシア＝ローマ時代の器具を検討することにしよう。

A　エジプトの操舵具

はじめ、この操舵具は舟漕ぎ用の櫂と大差のない数本の櫂で形成されていて、数人の舵手によって後部で操作された。一般にすべての櫂舵は同じ舷側にみられるが、それは芸術上の工夫によるもので

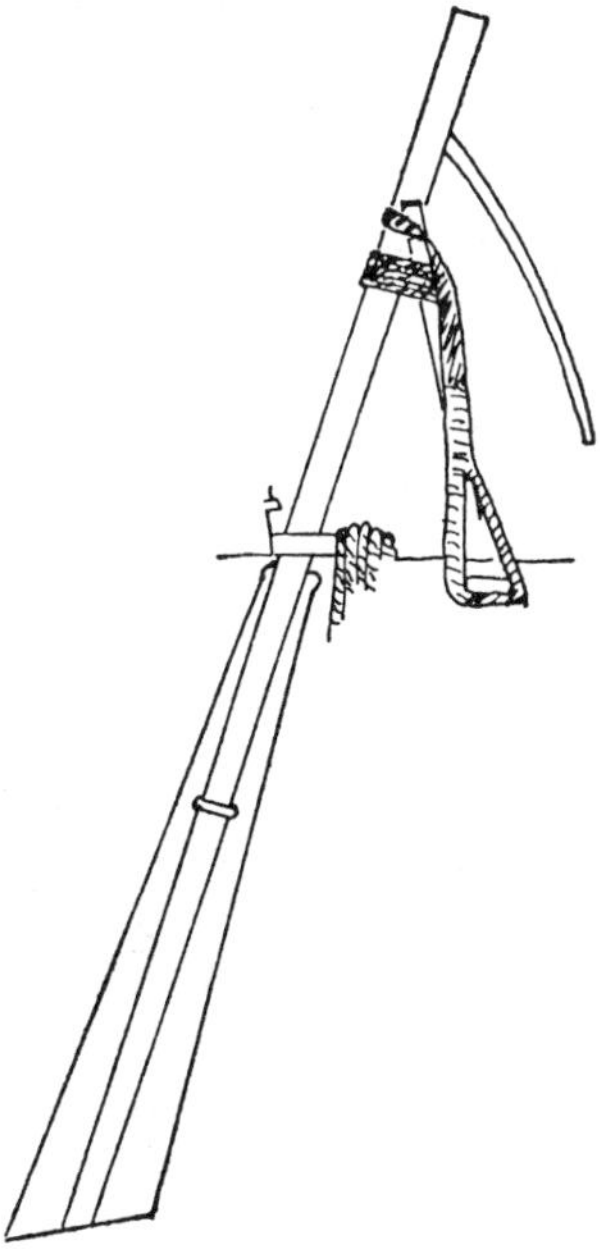

図13　プント航海の船の舵

あり、両舷側に均等に配分されていたと考えられる。かなり早く、舟漕ぎ用の櫂のものよりはるかに大きい水掻きをそなえた一本または二本の真の舵があらわれる。それは後部に置かれ、船縁《ふなべり》を支点とするか、そうでなければ船縁の頂点に特に設けられた穴を通すようにする。舵の柄は非常に長く、しばしば、索輪《つなわ》で小マストにつながっている。柄の先端には、デッキに向って下る垂直の棒がついている。後ろに位置して舵手が操作するのはこの棒である。いいかえれば、舵は水掻きの軸線のまわりを回転することによって機能する。なぜなら舵の二つの支点は水掻きの平行運動を許さないから。同じ舷側に二本の櫂がある場合には、二本の櫂は最もしばしば索輪で結びつけられ、索輪の中央に一本の棒がついていて、これが二本の櫂に同一運動を与える。これらの舵は、とくにナイルの小形と中形の舟に関してわれわれに知られている。

大形船に関しては、ハトシェプスト女王がプントの国に派遣した船の舵を考慮にいれることができる。この舵は、巨大な櫂が船尾の両側に一本ずつ装備されており、一本ずつに舵取りがついていて操作されたようにみえる。その柄は索輪で船縁に向って保持され、そのあと、船尾のがわに僅かに傾いた形で甲板の上に立っている。こうして、櫂は厳密に垂直ではないものの、かなり垂直に近くなっている。それぞれの柄は、小マストの股の上に置かれて、索具により堅固に結びつけられ、ついで、先端部に舵取りの操作する一本の垂直の棒がついている。したがって、これらの櫂舵は回転以外の運動をすることは絶対にできない。[26]

B　ギリシア＝ローマの操舵具

右のエジプトの大形舵はすでにギリシア＝ローマ時代の舵を予報している。なぜなら、当時ただ一つの型の舵があったのではなく、いくつもの型のものがあったのだから。実際、古典ギリシアの全期およびヘレニズム時代のあいだ、ある種の船にあっては、舵は古拙時代の舵を継承して一本だけであり、船尾と船縁のどちらか一方のがわに装置されている。これは軍船の舵であり、軍船のために存続したのであるが、他方、商船の場合には、ただ一人の舵取りによって操作される二重舵が一本舵をおさえたのであった。舵の全体はギリシア語ではペダリオン pedalion といい、ラテン語ではグベルナクルム gubernaculum という。櫂舵は当初、簡単に船縁にとりつけられ、索輪で帨承《かいうけ》に結びつけられていて、あらゆる方向に対してかなり大きな運動性をもっていたようにみえる。櫂舵は、水掻きの軸にしたがって回転することも、前から後ろへ動かすことも、その反対のことも、さらにまた、船縁から多少なりとも引き離すこともできる。この最後の操作では、二重櫂舵をもつ小形船の場合、櫂舵を波の上に置くことができる。(27)

間もなく、舵が完成された。まず第一に、舵手の仕事を容易にするために、櫂の柄は環の形をした握り daktylos《ダクテイロス》（？）をそなえた。ついで、その握りに代って、櫂の柄に直交する方向、すなわちほぼ甲板と平行の方向にある、まぎれもない舵柄 oiax《オイアックス》, clanus《クラヌス》 があらわれた。

これらの舵柄は十分に長いので、舵手は高いところにある自分の定位置から、二本の舵のうちの一方あるいは他方を無造作に動かすことができた。このとき、舵の動きは、水掻きが己れの軸を中心としてまわる作用にしか影響されない。したがって本質的な問題は舵と船体との結びつきという問題になる。船体の脆さのゆえに舵は格子の箱 paradosp《パラドス》 によって保護されていて、そのために記念物の表現では舵が隠されているという事実のために、舵と船体との結びつきの問題を研究するのは、かなりむずかしい。

しかしながら、大形商船の場合には二つのタイプの舵がある、とわれわれはいうことができる。その中の一つは、チュニジアのモザイクに基づいてL・フーシェによって研究された。これは、最もし

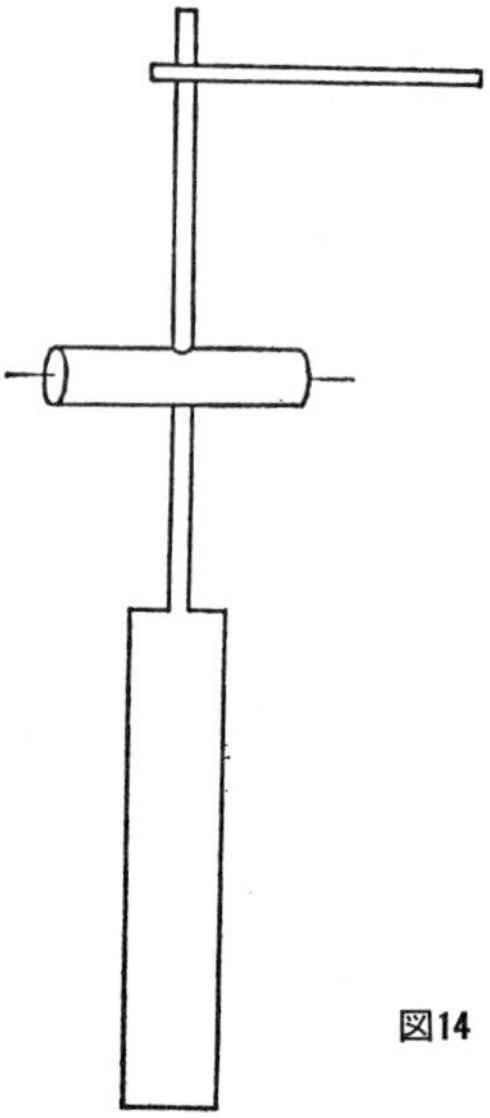

図14　舵（L.フーシェによる）

ばしばわれわれに示されるタイプである。箱のうしろに、一種の太鼓があり、これは船体に対して垂直の線上にあり、己れの軸によってまわることができる。この太鼓の内部を心棒が通っている。この心棒がすなわち舵の柄である。この心棒は太鼓の中で辷ることができるので、水搔きの高さは索具すなわち留綱《とめづな》によって調節される。舵手は、舵柄をつかむと櫂舵を垂直にし、ついで、必要な量だけ櫂舵をまわす。(28) 休んでいる舵の位置、すなわち櫂舵が船の前進のために後ろに曳きずられている様が、大半の記念物の上に見られるのは、このことで説明がつく。とはいえ、その図像が、舵が真に櫂であった時代に由来する芸術的慣例に属するものか、あるいは、少なくとも帝国の時代の現実に合うものか、をいうのはむずかしい。というのは、二世紀のものであるにちがいない一つの記念物に、われわれは別種の舵を見る、あるいはむしろ、かいま見ることができるから。すでに言及したシドンの石棺の図は、満帆の船が永遠に向って走っているときに、海面に対して垂直、あるいはほとんど垂直になっている水搔きを示している(29)。ところで、われわれがさきに述べたタイプの舵によれば、これとは逆に櫂舵は海面を曳きずっている印象を与えるはずである。したがって、この舵は内部で心棒が動く可動式太鼓を知らないこと、レリーフにたぶん示されている心棒は数点で船体に結びつけられていて、舵柄に及ぼす舵手の作用から来る当然の結果としてただ一つの回転運動しか知らないこと、は明らかである。

これらのさまざまのタイプの舵の不便と利便はどんなものであったか。これらの舵は何の感度ももたなかったとするルフェーブル・デ・ノエット艦長の気ままな説は別扱いとしても、最初のタイプの舵の主たる不便はその脆さにあること、その脆さは背檣《はいしょう》parados《パラドス》が連結部を保護するに至っても大きいこと、を認めなくてはならない。しかし、次のタイプでは、その描写が正確であるとするなら、脆さは著しく減ったにちがいない。そのかわり、この舵は、それより前の船尾材舵にくらべて、非常に大きな利点があった。はるかに大きい感度と、操作上のより大きな便利さである。というのは、舵の水搔きは舵の軸のまわりをまわるのであって、舵の一方のがわのまわりをまわるのではないために、水の動きは軸の両側にほとんど均等に分散し、そのため、速度によって水搔きに与えられる圧力は減り、かくして、舵手に求められる努力は比較的小さくなるから。事実上、われわれは平衡舵の原理を

そこに見る。(30)

この努力の軽減はルキアノスの文章によって十分に紹介されている。彼はその文章の中で、櫂舵の大きさと櫂舵を操作する舵手の小ささを対比し、この対比をより顕著にするために、その舵手を「年老いた一寸法師」と形容している。(31)最後に、このタイプの舵の場合、もし舵手が船を波にうまく乗せようとして水掻きを船縁から引きはなそうとしてそれがもはやできないときも、舵手はなおも二本の棒に同時に力を加えることによって、ある程度そうできるという可能性をもっている。

4　錨《いかり》

船が陸地に曳きあげられていないとき、船が港の中の岸壁に付けられていないとき、およびある時間にわたって停船しなければならないとき、船は錨をおろさざるを得ない。しかし、この部門においては、非常に強い保守主義と世界的にゆきわたっている伝統とがあり、そのために、海底で発見された錨の年代あるいは船の民族を特定することは、それがもっと的確な状況を伴っていないかぎり、時として非常にむずかしい。それゆえに、たとえば、マレーシアで発見された石の錨を現代の一部の著述家たちがフェニキア人のものとする帰属関係を、信用してはならない。(32)

実際、最初の錨、最も普遍的で常に用いられているものは石の錨であり、それはさまざまの形をとる。(33)最も単純なものは投錨用の索を通すための穴をあけた多少とも不揃いな形の石の塊である。エ

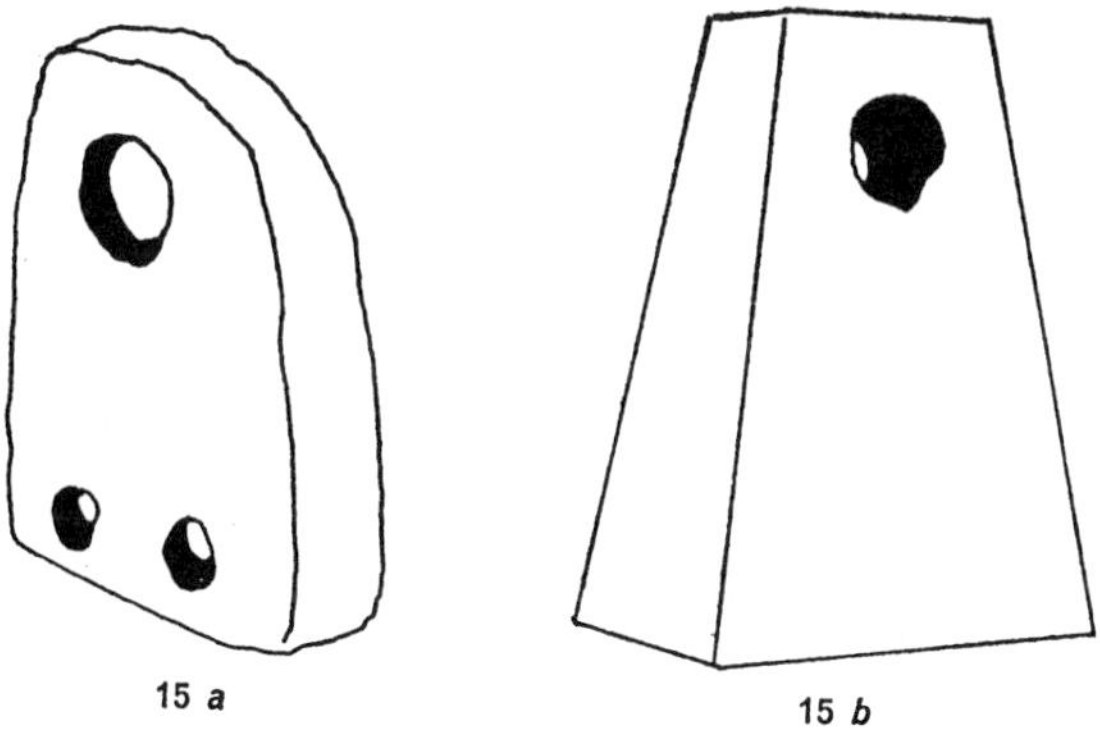

図15　石　　錨

ジプトの記念物に表現された錨は非常に長い円錐形をしており、投錨用の索はただその頂上部に結びつけるだけである。索は穴によってというよりは、石の中に掘った単純な溝によって固定される。しかし、非常にしばしば、単純な石錨はピラミッド形の塊、あるいはビブロスの神石付き祭壇の錨のように大ざっぱに半楕円の形をした比較的厚い鋪石の形の塊であって、頂上に索を通すための穴があけられている。海に投げいれられると、形と重さにしたがって、それらの錨は海底で垂直または横になって安定するのであった。より完成したものは、複合石錨と呼ぶことのできる石錨である。それは、三つの穴をもつ、かなり薄い石塊である。頂上の穴は停泊用の索を通すためのもので、下部にある他の二つの穴は横木を通して楔でしっかりと固定するためのものである。この横木は古典的錨の足の役を果した。いいかえれば、厚さが薄いというのは、これらの錨は海底に横たわったさい、足が安定し船を定位置にとどめておくようにするためである。

石錨とならんで、たぶんかなり早期に、鉛で重くした木製錨があらわれた。最も古典的な形は三つの部分から成る。まず錨幹があり、その頂上部は索を固定するための環《わ》がついている。錨幹の下部に二本の足が結合されていて、足は金属の帯によって固定される。三番目が錨幹の頂上部にはまる木製錨銲で、鉛がこの中に流しこまれていた。のちに、この錨は全体を鉛とする錨に取って代られたようにみえる。錨銲は足に対して垂直となるように位置し、その役割は錨が立った形でいるのを阻止し、横にたおれるのを強制し、もって足が底に引っかかるようにする、ということにある。この木製錨と鉛錨が、ほとんど同じ形を保ちながら、鉄製錨の挑戦を受けるのは後代になってからにすぎない。鉄製錨がはじめて出現するのは紀元前二世紀ごろであるようにみえる。いずれにせよ、これらの錨は、錨のつけられた船のタイプに応じて、重量も規模もずっと大きくなってゆくことができた。だから、最もよく保存された錨の部分として、長さ二メートル以上、重さ六百キログラム以上という錨銲がいくつも採取されている。

一般的にいって、船はそれぞれ、ある数の錨をもっていて、それを甲板に置き、必要が生じたときに甲板から投げおろすのであった。しかし、大形錨の場合はそうではなかった。大形錨は、その重量のゆえに、扱いがむずかしかったからである。大形錨の場合、それは常に船の外側に、揚錨架につるして置かれた。そして、揚錨架には停泊用の索が結びつけてあった。だから、ナルボンヌのレリーフに表

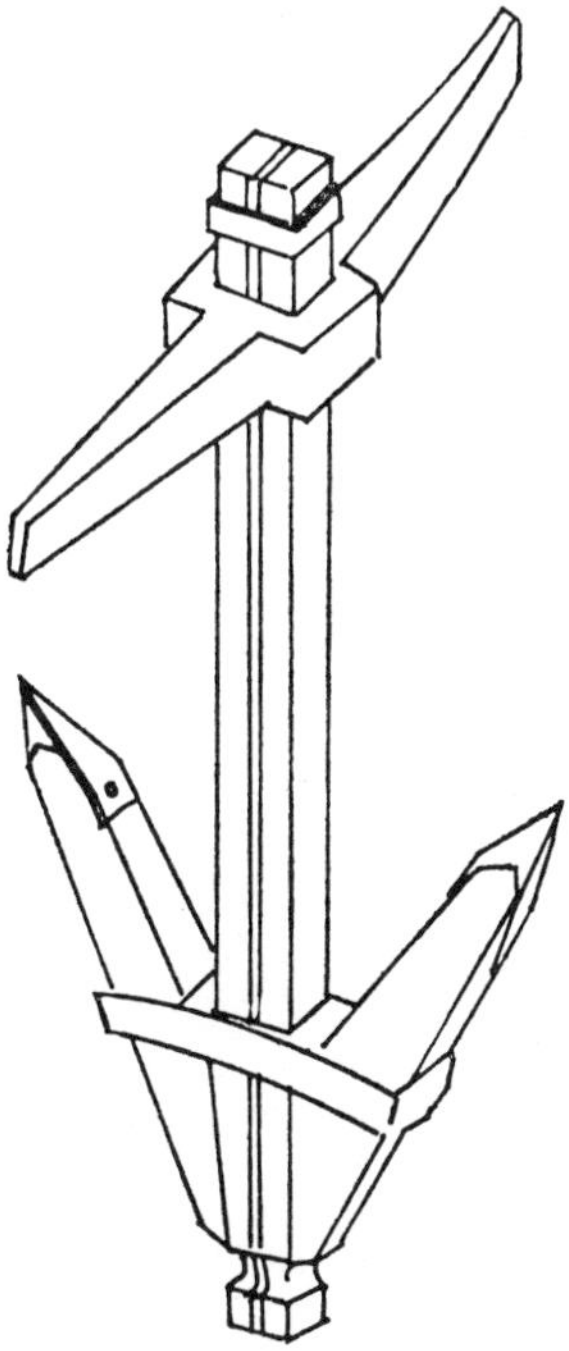

図16　古典的錨

現された船の前部に錨があらわれている。[34] これらの錨の中に、神聖錨という名をもつ錨があった。それは、最大の舷側錨で、他のすべての錨が船を固定するのに役立たぬことが明らかとなり、船が風、潮流、あるいは嵐に負けて漂流するというときに、最後の手段として使う錨である。木造船海運の時代に、その錨が慈悲の錨という名をもっていたのも、こんな事情からである。

パレスチナのカエサリアからローマまで囚われ人として旅したさいに聖パウロが出合った嵐の物語は、錨の使いかたについてわれわれに多くのことを語ってくれる。

彼の乗った船は少なくとも六つの錨をもち、そのほかに神聖錨があった。というのは、前方に投錨するより前に、後方に四つの錨をおろしているから。そこにはまた、錨を船から投げるのではなしに、船を港外に曳きだすために最大ランチを使ってある距離のところまで錨を運ぶという技術も見られる。最後に、浮き錨が用いられているのを、われわれは見る。それは、船の速度を落すために、索の端に浮く物体を取りつけて船尾に投げるというよく使われた方法である。浮く物体はその大きさによって制御機能を果すのである。(35)

この章を終るに当って、帆と索具の製作に用いられた材料（多くの場合植物性材料である）について一言述べておきたい。古代ガリアのヴェネチ族のように皮の帆を使ったとされているある民族を除けば、帆は古典時代には亜麻で作られている。(36)そうすることによって、軽くて同時に強靱な帆が得られるのである。索具は、地域によって異なるさまざまの材料で作られた。索具材としては余りに貴重である亜麻よりは、むしろ、明らかに麻が索具材として抜群の植物であった。しかしながら、麻とならんで、多くの他の植物性材料が用いられたことを、記録は示している。パピルス、椰子の繊維、菩提樹の皮、およびある種類の幹、などである。しかし、麻と張合い、古代の末期には麻に取って代った材料がある。エスパルト（アフリカはねがや）がそれで、事実上腐らないものであるがゆえに非常に珍重された。この植物は、栽培によってではなく、採集によって得られる産物であり、スペインのカルタヘナの後ろにある平原で、とりわけ産した。その事情から、この地方は「エスパルトのカルタゴ」という名称をもつに至った。(37)

第四章　底荷、釣合い、トン数

ここでは、古代航海の歴史だけではなくすべての航海の歴史の中で最も複雑、最も議論の多い問題のいくつかを扱う。したがって、断定を示すというよりはむしろ、われわれの知識の現状に照らして最もありそうなこととみえる問題とその答えを示すことで甘んずることとする。

1　底　荷

ほとんど目立たぬ龍骨とかなり平たい底をもつ古代の船は、荷足を軽くして航海した。そうでなければ海を行くことはできなかったであろう。したがって、古代の船は船の均衡を保つために底荷を積んでいなければならなかった。海底での発掘および記録によれば、この底荷は、最もしばしば、ビルジ（船底の水溜め）の床の上に、さまざまな形の、さまざまな大きさの石塊を積み重ねたものでできていた。だから、小アジアの南のゲリドニア岬で見つかった船の残骸に、発掘者たちは船の底荷の全部またはは一部をなしていたほぼ百十六キログラムの石を見たのである。(1) この底荷はまた積荷の一部で構成された。このことは、一旦荷下しすると、その部分の代りに他の積荷を置かなければならなかった、ということを意味する。ある船の残骸の底に麦用石臼がみつかったのはそういう事情による。石臼は廃品ではなかったので、それらは底荷であると同時に積荷であった、と当然に考えなくてはならない。金属の塊についても、事情はたぶん同じである。

底荷を指すために用いられるギリシア語は herma《ヘルマ》 であり、これに相当するラテン語は saburra《サブルラ》 である。この言葉から、銘文によってよく知られている saburrarius《サブルラリウス》 (複数は saburrarii《サブルラリイ》) が出ている。これらのサブルラリイはオスティアとポルトスで、すなわちローマの港で、船の底荷を積むことを専門とする同業組合を形成していた。ポルトスで最近発見された銘文は、彼らが船の底荷を砂でつくることもあったことを示している。実際、紀元後三世紀のはじめに、サブルラリイが職業に必要な砂を採りにゆくことのできる区域を定める権限は、ローマの補給を監督する任務をもつ高官すなわち糧食官にあったことを、また彼がその職責によって港の行政について高い権限をもっていたことを、われわれは知っている。(2)

底荷は、船の移動を阻止するために船倉にきっちりと積まねばならなかった。そうでなければ、船は顛覆するおそれ、あるいは船壁をこわすおそれがあったであろう。したがって、それは職業団体のメンバーの主要な仕事の一つであった。しかし、彼らがどのようにしてそれをなしとげたかについては、われわれは知らない。

2　積荷の釣合い

甲板の釣合いと船倉の釣合いとを、われわれは区別しなければならない。すでに見たように、エジプトの船は船倉をもたず、底荷は甲板の下に置かねばならなかった。したがって、記念物に見られるように（たとえば、プントの国から帰国するハトシェプスト女王の船の図）、船積みするすべての商品は、甲板に積み重ねた。それらは、索によって甲板上で堅く釣合いをとった。ただし、このことは、レリーフの上には明示されていない。積荷は甲板の全面積を覆うわけではなく、船縁にそって空いた場所を残している。それは、作業の都合で、とりわけ櫂で船を進めるときに、前部と後部に残してある。すでに見たような、下部帆桁と甲板との間にかなり広い場所を残している新王国時代の船の帆の形の由来は、右のような甲板上の釣合いということにあるわけである。

ギリシア＝ローマ時代の記念物が甲板上の積荷を示しているのは稀である。甲板は乗客と乗組員のために用意された場所であったからだ。とはいえ、限度以上に積荷したがために凪いだときに沈んだ船の修辞上の「トポス」をはじめとして、われわれの持ついくつかの図像は、その習慣を証言している。それにまた、運ばれるある種の商品は船倉に場所を見つけることがむずかしかった。たとえば、一枚岩でつくられた石柱の場合がそうであった。反対に、船倉の中では、商品はその性質に従って、違った配列をしなければならなかった。それは、とりわけ『ディゲスト』（法律全集）に保存された司法記録によって、われわれがローマ時代に関してかなりよく知っている問題である。

量において抜きんでて古代の荷物の主体をなしていた穀物は、船倉に一様な形で貯蔵されたのではなかった。時として人びとが想像するのとは反対に、穀物はアンフォーラの中におさめられてはいない。少なくとも、少量の場合には、籠、革袋、あるいはクパエ（口の広い大形土製壺）にいれて運ばれた。とはいえ、一般的には、穀物は乱雑に積みこまれて運ばれた。

ところで、穀物は本質的に流動的であるため、船の動きが積荷の移動を促さないように用心しなければならない。そのために二つの方法が用いられている。最も簡単にみえる第一の方法は、いささかも隙間《すきま》を残さぬように船倉を満たすということである。しかし、これは理想論であって、時のたつにつれて穀粒の山ができる。この不都合に対処するために、その山について動く板で穀粒を覆ったということは、まことにありそうなことである。

第二の方法は、板仕切りで区画したいくつかの部分に積荷を分割することである。この方法は積荷が違った荷主に属するときに（こういう場合のほうがしばしばであった）、あるいは、積荷が穀物だけではなかったときに、とくに使われたはずである。(3) これまた海上貿易の重要な比率を占めていた土器の場合は、互いにぶつかりあって破損することのないように、藁の層で固定しつつ、積み重ねた。マルセーユの近くの岩場、グラン・コングルエで発見された船の残骸の中に積み重ねた土器が見つかったが、その積み重ねかたは右のような方法であった。土器はまた箱あるいは籠におさめられた。その実例には、ポンペイ遺跡で発見された、まだ荷解《ほど》きしていないラ・グロフェザンク（ガリア）の工房産の土器がある。

二つの方法は、小彫像、ランプ、燭台……など、事実上すべての運ぶに脆い小物のために使われた。繊維は、積み重ねの容易な円筒形の包みとしてまとめられた。さまざまの物をおさめている個人の発送品についても、ことは同様であった。後者の品々は時として籠の中におさめられ、そのあとで布で覆い、入念に縫って閉じた。いずれにせよ、これらの包みは入念に紐をかけてあり、結び目には発送人のしるしをもつ鉛印が押されていた。荷の規模は、常に取扱い容易であるために、制限されていた。

ガリア人に起源をもつ樽の使用の発達を見るローマ帝国初期に至るまでは、液体およびオリーブ、堅果、はしばみの実など、ある種の食糧は、アンフォーラで運ばれた。容器の形は時代と国によってまた食糧の性質によって、著しく変っていた。

われわれは大きく二つの型に分類できる。長く伸ばしたアンフォーラ（ロードス島のアンフォーラあるいは古代イタリアのアンフォーラのたぐい）と円くしたアンフォーラ（スペインのアンフォーラのたぐい）である。いずれも口をコルク栓で閉じ、その上に一般には石膏を流し、石膏の中に発送人のしるしをつける。さらに、これらのアンフォーラはしばしば多くの銘文をもっており、これがなかなか複雑な問題を提起している。そこにはほとんど確実に、土器製作者のしるし、所有者あるいは発送人のしるし、宛先のしるし、時として荷を乗せた船の名、船長の名、通関上の指示……がある。問題は、銘文が非常に簡略化され、走り書きで書いてあるために、さほど読みやすくはなく、さほど理解しやすくもないことがしばしばある、ということである。しかしながら、古代の、とりわけ古代ローマの経済史について測り知れない価値をもつ情報源がそこにある、ということも認めなくてはならない。テスタキオ山はその情報源のゆえに有名になった。これは都の河港に荷下しされたアンフォーラの断片(荷箱は移動も再使用もされなかった)でできたローマの丘である。アンフォーラが提起する大問題は、アンフォーラが船内にどのように配列されたかという問題である。この点についていくつかの仮説が出された。しかしわれわれは、問題のむずかしさを最もよく理解させる二つの仮説だけを、とりあげる。

F・ブノワにとっては、アンフォーラは幾つかの層をなして垂直に積み重ねて置かれ、各層は互いにはまりこんでいた[4]。貯蔵室の場合のように砂の底荷(底荷が砂であったなら)の中に突き立てて置かれたとみることのできる下層では、他に比べて割合にゆったりした間隔でアンフォーラが置かれた。そして、その上の層のアンフォーラが下層のアンフォーラの肩に達するところまではめこまれた。第三層は、こんどは第二層のアンフォーラの間にはめこまれた。このようにして、第三層のアンフォーラは正確に第一層のアンフォーラの上に位置し、第三層のアンフォーラの足は第一層のアンフォーラの口《くち》の上に乗っていた。

これからわれわれが検討する第二の説の提唱者、H・T・ワリンガが指摘するように、このような配列は不手際であっただろう[5]。なぜなら、下層のアンフォーラは楔でとめてなかったし、その上、上層のわずかな動きも下層の首をこわす恐れが多分にあったから。そんな具合で、荷物は航海中に消えてしまうという可能性が十分にあった。かくして、彼にとっては、すべてのアンフォーラは、腹と腹を合せて置かれ、壊れる危険を減らすために、間に藁苞《わらつと》をいれて隔離するだけであった。ついで、上層のアンフォーラは先端だけを下層のアンフォーラの首の間にはめこまれた。このようにして仕上げていった全体は、第一の説の場合より大きな安定性を得た。その結果、壊れる危険はずっと少なくなった。しかし、最も一般的な場合、とりわけさまざまの形をしたアンフォーラを扱う場合、アンフォーラを各層で互いに相接して並べ、ここでも藁苞による隔離をし、各層の間にはまぎれもない床板を置いた。このようにして、アンフォーラの足を他のアンフォーラの首にはめることから生ずるすべての危険が消えた。

積荷の釣合いは、商品の積み込みと荷下しのための使うべき方法という問題を提起する。まず第一に、古代エジプト時代からローマ帝国時代に至るまで、上船するための船橋と梯子は船の前部に置かれていること、船が岸壁に着くとき原則として船体の前部だけを接岸すること、に留意しなければならない。ついで、この広大な時代を通じて、商品を積み下しするための最も日常的な方法は人間の労力であるということに、われわれは気付く。だから、多くの記念物は古代の波止場人足を、ローマ人が saccarii《サッカリイ》 と呼んだものを示している。彼らは、集まって同業組合をなし、ローマの港で役割を独占しようと企て、背あるいは肩に、アンフォーラ、商品の小さな包み、金属鋳塊、やがて船倉に並べられるはずの土器を乱雑に詰めた網をかついで、船と岸壁または短艇とを結びつけている板に上るのであった。しばしば、われわれは、甲板昇降口を通じて、商品を待つ他の波止場人足を見る。

少なくともローマ帝国時代に、穀物を扱う大きな港の岸壁には、まぎれもない高いサイロがあり、穀物の積み込みがサイロと船倉を連結する棹を介しておこなわれた、ということが時として推測された。しかしながらその説の根拠とする記念物、すなわちオスティア同業組合広場のメルボン人のモザイクは、そのような解釈を許すようにはみえない(6)。反対に、他の多くの記念物からわれわれが引きだすことができるように、小麦は袋で運び、船倉に注ぎこんだのである。荷下しのときは、ローマ人が mensores《メンソレス》 という名称で知っている人びとによって入念に計量されたのち再び袋につめるのである(7)。

重たい産物の場合、ついで樽の場合には、このガリア人の特有品が地中海世界を征服したときからあと、少なくとも古典ギリシア時代からあと、起重機が用いられた。最も簡単で、最も多く使われたものは積荷マストであった。これは、船の前部におかれて、岸壁の物をつかみ、船倉まで運ぶことができた。この積荷マストもまた artemo《アルテモ》 という名称をもっていた、というのはあり得ることである。われわれはまたヴィトルヴィウス〔一世紀のローマの建築家〕によって、車の上に組みたてられた真の起重機が、重たくて嵩ばった物を取り扱うために、大きな港の岸壁にあったことを知っている。彼が使っている技術用語 trispastos《トリスパストス》, pentaspastos《ペンタスパストス》……を離れていえば、これらの持ち上げ機械は大ざっぱにいって攻囲術に、あるいは舞台で、使われる geranoi《ゲラノイ》 または ciconiae《キコニアエ》 と呼ばれるもののタイプに属する道具であった(8)。

3 トン数

古代の船のトン数を計算することができるだろうか。これをするためには、われわれは多くの困難に出合う。だから、この問題に関与した著述家たちの記述の違いが生じている。それにまた問題は古代の船に特有のものではなく、中世の船についても近代の船についても、いやある程度までは今日の船についてさえも、問題は同じように存するのである。実際、第一の問題は、トン数ということばが何を表現しているか、いかにしてトン数を表現しているか、ということである。排水量（船によって排除される水の重さ）であろうか。輸送重量（船が危険なしに積載できる最大量）であろうか。総トン数（船の全容積）であろうか。ネット・トン数（輸送に使用できる容積）であろうか。表現したいものに応じて、実際に使われる単位は重量単位か容積単位となるであろう。

しかし列記した最初の二つの場合、この単位は、それを使う国に応じて、一、〇〇〇キログラムのメートル・トンあるいは一、〇一六キログラムの大きいトンあるいは九七〇キログラムの小さいトンになるであろう。おわりの二つの場合、単位は立方メートルすなわち樽《トノー》単位となるであろう。しかし、いかなる樽《トノー》単位か。ところで、古代の船を研究した著述家たちは、しばしばかなり不正確な結果をわれわれに与えている。彼らは必ずしもいかなる単位を使っているかを特定していない。たとえば、彼らが樽《トノー》単位を語るとき、彼らが約二・八三立方メートルの近代の樽《トノー》単位を述べているのか、あるいは約一・四四立方メートルのコルベール布告の樽《トノー》単位を述べているのか、必ずしも判然としない。この難点に加うるに、われわれの知っている船に固有の次のような難点がある。船の残骸をわれわれが見つけても、その船の形と正確な規模が分らない——ということである。時の作用による破壊のために（千五百年、二千年、あるいはそれ以上の時間ののちに、穀物の積荷から何が残るであろうか）、また、嵐に捕えられた船が沈没する前に、しばしば積荷の全部または一部を海中に投棄して助かろうと試みたという事実によって、船の正確な積荷が分らない——ということである。また、われわれが記録をもっているときは、中世と近代の場合と同じように今日以上に多様であった古代人の単位は分らない——ということである。(9)

以上のことを承知して、古代船のトン数を確定するために幾つかの方法が使われた。最も簡単にみえるかもしれないものは、規模（長さ、幅、深さ）の分っている船に、木造船時代に使われたトン数計算法を適用することである。この方法で、当然ながら概数ということであるが、『イシス号』のトン数を算出することができた。これはルキアノスがその冒険を語り、その規模を示しているあのアレクサンドリアの船である。残念ながら、さまざまの方式を使って、多くの著述家が得た成果は一致するには程遠い。ある著述家たちにとっては、最大積載量であり、他の著述家たちにとっては総トン数である。二、六七二メートル・トン（ヴァール）、一、二二八メートル・トン（カッソン）、二・八三立方メートル単位の二、八九三樽《トノー》（ケスター）などがあり、(10) 私自身は古代の方式を用いて、二・八三立方メートル単位の三、二二〇樽《トノー》という数値を採っている。これらの不一致の数値のほかに、もう一つの問題がある。ルキアノスは現実の船を、すなわちカッソンが書いているように糧食輸送用のアレクサンドリアの船を記述したのか、あるいは物語の必要から現実を美化したのか（ワリンガはそう考えようとしており、私自身もこれに同調する）ということである。(11)

他の方法は、古代人が与えたトン数から出発して、これを近代の数値に置き換えるということである。しかし、同じ名称であっても単位は時代ごとに、いや場所ごとにさえ、異なっているので、また、容量単位が示されているときにそれをそのままに受けとるべきかあるいは重さの対等値に置き換えるべきかが分らないので、成果は宿命的に疑問をはらんでいる。とはいえ、大問題をおこさない三つの単位があり、これが、価値ありと認め得る成果を獲得させている。それは、タラント、メディムネ、モディウスである。タラントは約二六キログラムに相当する重量単位である。したがって、紀元前三世紀のタソス島のある法律の場合のように三、〇〇〇タラントの船と五、〇〇〇タラントの船という記述があるとき、議論の余地なく、そこにわれわれは最大積載量七八メートル・トンの船と一三〇メートル・トンの船を見る。同様に、約五〇リットルの容量、したがって比重一の商品では五〇キログラムの重量に当るギリシアの単位メディムネの場合も、三、〇〇〇メディムネの船（記録によれば紀元前四世紀に小麦をアテネに補給した船の通常のトン数であったようにみえる）とあるならば、それは最大積載量約一五〇メートル・トンの船であり、したがってこれは五、〇〇〇タラントの船と全く一致する。

最後に、（司法文書によれば）約一〇、〇〇〇モディイ（モディウスの複数形）または約五〇、〇〇〇モディイの容量をもっていたはずのローマ帝国糧食船を考察すると、モディウスは大ざっぱにいって九リットル、したがって九キログラムに相当するので、これらのトン数は最大積載量九〇メートル・トンと四五〇メートル・トンに一致する。ところが、トン数がアンフォーラの数で与えられるとき、計量は事実上不可能となる。なぜなら、使われたアンフォーラがどんなものであったかを知らねばならないから。しばしば提出される対等値、すなわちアンフォーラ・イコール・タラントというのは、船の残骸で発見されたアンフォーラの形と中身の多様性の前には成立しない。他方、船積みされたアンフォーラの容量をわれわれが知っている場合でも、中身が自明的に分るというわけではない。なぜなら、アンフォーラは非常に嵩ばり非常に重たい容器であり、したがってそれを考慮しない計算は少なくとも半分の誤差を生ずるであろう（残念ながら、デモステネス集の『ラクリトスに反して』(12)で記述されている船のトン数の計算をしたさい、私はそういう誤りを犯した）。

われわれが右に示したトン数は、大ざっぱにいって、十八世紀帆船の平均トン数に一致する。しかし、十八世紀と同様に、平均トン数とは別に大トン数があったはずである。問題は、いくつかの記録である種の船を示すのに用いられているミリオポロス船 myriophoros という表現を、いかに解するかということにある。「一万」の船。だがいかなる単位であろうか。H・T・ワリンガは、これはメディムネを指すものであって、そう考えるとミリオポロス船は、五〇、〇〇〇モディイの船に等しい四五〇ないし五〇〇メートル・トン級の船であろう、と考えている。(13)しかし、この用語はついには、すぐれた容積をもつ大形船に一般的に適用されるようになったであろう。したがって、この単語に余りに固執すべきではない。著述家たちが後の諸時代にこの単語を使っているときには、もはや十分に的確な現実性は存せず、単に大きなトン数の船を意味しているだけのことである——ということを考慮すべきである。それらの大形船のうち、最も多くの思い出を残したのはシラクサイのヒエロン二世からプトレマイオス（たぶんプトレマイオス三世エウェルゲテス）に贈られた『シラクサイ号』である。それは当時としては巨大な船であり、われわれはその積荷をほとんど知っている。そのトン数は二、〇〇〇メートル・トン前後であったはずである。しかし、それは当時の港湾および経済上の可能性とは余りに不釣合いであるので、その船は一回だけの航海、すなわちシラクサイからアレクサンドリアまでの航海をしただけであり、そのあと船はアレクサンドリアでゆるやかに朽ちていったのである。[14]

ところが、ギリシア時代から、一、〇〇〇ないし一、二〇〇メートル・トン級の船は知られていたはずである。紀元後の初期にイオニア海（古代人のいうアドリア海）の真直中で六百人の乗客（その中に後に『ユダヤ人の戦争』の著者となる歴史家フラヴィウス・ヨセフスがいた[15]）とともに難破した船のトン数はたぶんこの数値であった。お分りのように、ルフェーヴル・デ・ノエットの断定とは程遠い。とはいえ、このトン数に関して最後の問いを出してよい。ギリシア時代とローマ帝国時代との間に発展があったかということである。技術的観点からいえば、それはなかった。すなわち、ギリシアの造船家もその後継者たるローマ人も、大トン数の船を造る能力を完全にそなえていたし、それを造った。しかし、経済上の発展はあった、と私は考える。すなわち、大きなトン数の船は合理的に使われることを求めたということ、ローマの大市場の出現と、かなり短い航海時間で大市場に補給をする必要とが大きなトン数の船に経済上の価値を与えたということ、そして、大きなトン数の船がそのことによって以前よりもずっと発達したということ、である。

第五章　第一次ポエニ戦役までの海洋支配

軍船という表現をとらずに右の表現を用いるのは、これまで使ってきた資料とは別の資料を考慮する方向に読者を案内することをこの章は主旨としているからである。すなわち、われわれはもはやエジプトとギリシア＝ローマの船の問題だけを扱うことで甘んじようとはしない。エジプトとギリシア＝ローマの船の問題は、それらの船が残した資料の豊富さのために、われわれの視野を狭くするおそれが存するのである。

1　ミノアの海上制覇

「ミノアは、われわれの知るかぎり、艦隊をもち、……（そして）海から海賊を駆逐するためにもちろんできるすべてのことをした」[1]と述べているツキジデス〔ギリシアの歴史家。前四六〇―同四〇〇ごろ〕の考古学の一行を根拠として、長いあいだ人びとは、地中海の海運史の起源そのものにクレタの制海権があったと考えていた。この制海権は、サー・アーサー・エヴァンズ〔イギリスの考古学者。一八五一―一九四一〕の発掘によって再発見されたミノア文明の中に確認を得たと考えられた。クレタの艦隊、これを人びとはこの国で発見された多数の印章と宝石の上に見た。それらは船の図像をそなえていた。(2) 残念ながら、そこにはかなり解釈上の困難がある。(3) 他方、島で発見された外国起源のもの、東地中海世界の他の地点で発見されたもの、およびエジプトのいくつかの図像を研究すると、そこに前十六世紀ごろのクレタ人とエーゲ海諸民族の商業上の、あるいは前商業上の活動ぶりがみとめられる。(4) しかしながら、クレタの制海権の存在自体が、かなり最近に至って、ある歴史家たちによって疑問とされた。彼らはいう……。「宝石がわれわれに知らせるクレタの船は最大限五対の櫂の船である。クレタの船は軍船をもっていなかった。クレタの船は重要な海洋交易を維持するに必要な経済上の能力をもっていなかった」。(5) このようなクレタ制海権の否定は多くの著述家に受けいれられなかったし、今日では、その見解はまさに斥けられるべきであると思われる。(6) 実際、古代のテラ島に当るサントリニ島で最近発見された前十六世紀の壁画（この島を全面的に破壊し、たぶんその結果、ミノア文明が消滅したあの大爆発より前の壁画）は、すでに常用となっている四角い帆と多数の漕手の隊によって移動する、船首材を立たせているみごとな船を、示している。(7) したがって、これらの最古の時代のまぎれもない海上運送業者はある程度ツキジデスの言明を裏付けるものであり、私の考えでは、クレタとエジプトの海上交渉はほとんど必然的にロードス島、キプロス島、シリア＝パレスチナ沿岸を経由しておこなわれたとする普通の考えかたを弱めるものである。

しかし、このクレタの船は一方に軍船を、他方に商船を含んでいただろうか。それは疑わしい。むしろ、同じ船が二つの活動に役立ったと考えることができる。海上の戦争はまことの海戦というよりは、きわめて敵船捕獲のために舷側に近づく戦いであり、さらにそれよりも上陸するための戦いなのであった。クレタの船における衝角の存在は確実であるようにはみえない。

クレタ海運の中継はミケナイ海運によっておこなわれた。後者の船は東地中海を走りまわり、その商業隊、海賊隊あるいは植民隊はチレニア海にまで、いやそれよりも遠くまで進出していた。ホメロスの詩はこれらの船隊についての記憶をわれわれに残したのである。その詩物語は当時のエーゲ海のある島々の重要性を示している。そこにもまだ本来の軍船は存せず、何ごともする船が存するだけである。

2　エジプトの軍船？

もっぱらその目的に用途づけられた最初の軍船があらわれたのは何時であるか。それは分らない。軍船ということばでわれわれが解するものは、古代ギリシア人とローマ人が長い船 naus mark《ナウス・マルク》, naus《ナウス・》 longa《ロンガ》 と呼んだ船である。その船の長さの係数、すなわち長さと最大幅の比は、1/5以上であり、1/7に達することもあった。しかし、その本質的な個性は衝角をそなえているということである。ギリシアの伝承によれば、最初の真の海戦は前六〇〇年ごろにコルフ人（コルフ島の住民）とその母なる祖国コリントスとの戦いであったという[8]。実際には、特別の船を使った海上の最初の大きな戦いは、間違いなくファラオの船と海の民の船（彼らの兜《かぶと》の頂飾りで見分けがつく）の戦いであったようにみえる。その戦いの経過はメディネト・ハブ神殿の壁面に描かれている。戦いはどこでおこなわれたのか。ほとんど分らない。ナイルのデルタ地帯のどこかであっただろう。エジプト人にとって、それは敵の上陸を阻止する戦いであった。ところが、描かれている戦いは河のすぐそばで進められており、さらにまた本質的には、船と船との戦いというよりは人と人との戦いである。距離のある戦いは矢でおこなわれ、接近した場合は槍の戦いである。しかし、エジプトの船は軍船となるかなりの数の特徴を示している。まず第一に船首の突端が、野獣の頭、すなわち人間の頭を口にくわえた獅子の頭になっている。この頭は厳密にいえば船首像ではなく、まさに全く別の目的をもっているという印象を与える。船体の線よりずっと上に出ているのでそれは衝角ではなく、むしろ敵船の横腹を打つことによって、その船を沈めるのではなく顚覆させることを目的とする一種の破城槌である。実際にわれわれは、このようにして顚覆し、人間が海に飛びこんでいるという海の民の船の一つを、壁画に見るのである。さらにまた、エジプトの船は、敵の飛道具から漕手をまもるための、漕手の頭の頂点しかみえないほどの船縁《ふなべり》をそなえている。とはいえ、これは大形船ではなく、二十人ほどの漕手をそろえ、唯一本の櫂舵を扱う一人の操舵手に指揮された小形船であることに注目しなくてはならない[9]。

3　古典時代の艦隊

古拙期と古典期のギリシアとともに、われわれにとっての真の軍用船隊があらわれる。それがギリシアの船であろうと、フェニキアの船であろうと。この歴史の章の中でわれわれは一方に初期の長い船を、他方に三段櫂船を区別して扱う。

A　初期の長い船

初期の長い船は、テラ島の壁画にわれわれの見た船の後継者である。それはとくに海戦を専門とするものではなく、帆だけで走り沖合航行をする円い船とちがって、とくに沿岸をゆく速度の早い船で、海賊あるいは戦争の行動に適していた。櫂で動き、補助的に帆を使う長い船は、部分的に植民活動の道具であった。記録によれば、これらの長い船は当初は二十人ないし三十人の漕手をそなえていた。ついで、最初の改良に伴って、あの有名なペンテコントレス（各舷側に二十五人ずつ、計五十人の漕手をもつ船）があらわれ、これがフォセアエ〔小アジアの都市〕の海運に栄光をもたらした。しかし、これらの船は、その長さのゆえに脆かった。クレタからキレネ〔キレナイカの首都〕に至るような比較的長い航海に使われたとしても、航海にうまく耐えることはできなかったはずである。そこで、長さを、したがって脆さを減らすことによって力を維持あるいは増加するために、造船家は漕手をいくつかの層にして積み重ねる船をつくるほうに向った。まず第一に二段櫂船。これはオリエントとギリシアでほとんど同時に出現した。問題は船の高さを著しく高くしないで（高くすれば船の均衡が失われるであろう）漕手の層を重ねるということにあった。そのために、下段の漕手は水線より少し下に位置し、彼らの櫂はこの同じ線の上で船壁の中に設けられた漕ぎ窓を通っていた。上段の漕手（記念物に見られるのはこれだけである）は甲板の高さに位置し、下段の漕手を妨害しないために僅かに後方にずれて位置していた。彼らの櫂は船縁に設けられた櫂承《かいうけ》を軸として動くのであった。これらの船は、ニネヴェのセンナケリブ宮殿の有名なレリーフにみられるように、すでに衝角をそなえた真の軍船であった。[10]

一段だけの漕手の船と二段櫂船とのあいだに、hemiolia《ヘミオリア》（いいかえれば一つと半分という意味）と呼ばれるものがある。これは、軍船というよりはむしろ、とくに海賊の道具であったとみなされている。[11]この場合は、上段が不完全であって、漕手は甲板員あるいは海兵となって直ちに相手の船に近づく用意を整えることができるのである。

B　三段櫂船

古典時代のアテナイの船隊の栄光をつくる船、三段櫂船があらわれるのは、ギリシア古拙期の末である。ツキジデスの文章についての誤った解釈は、その創始者を造船家アメニノクレスとしている。[12]実際には、ツキジデスは、一方では最初のギリシアの三段櫂船がコリントスで造られたこと、他方で

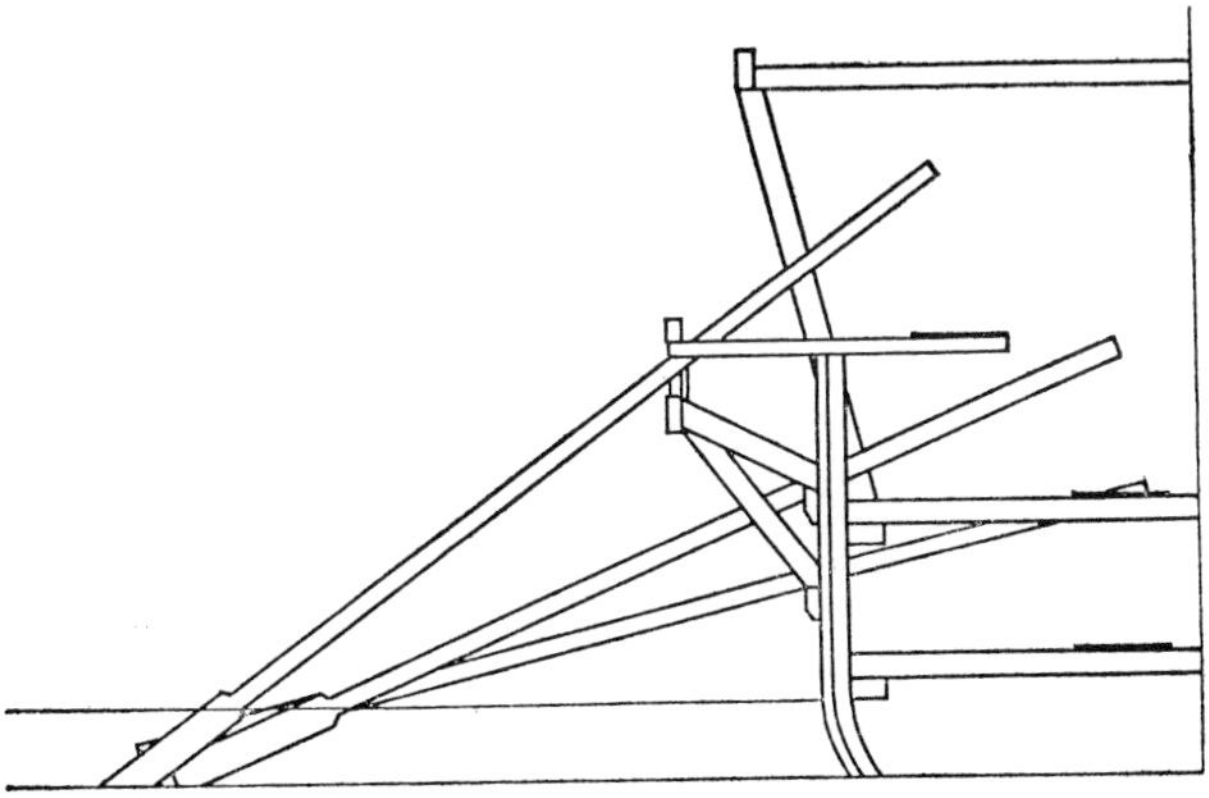

図17　三段櫂船の櫂

はコリントス人であるアメニノクレスがサモス人のために四隻の軍船を造ったことを言明するにとどめているのであって、二つの事実のあいだに関係が存するわけではない。ところで、アメニノクレスのエピソードは前七世紀はじめのことであるのに、三段櫂船の出現は同世紀の末である。したがって、われわれには、三段櫂船が何時、何処で発明されたかが分らないのである。三段櫂船はフェニキア人が発明し、ギリシア人がその歴史に寄与したのは改良によってであるにすぎない、という可能性も大いに存するのである。(13)

海戦史に対する三段櫂船の重要性は顕著である。三段櫂船とともに、海戦は人対人の戦いであることをやめ、船という生きたもの同士の戦いとなる。実際、われわれとしては三段櫂船を飛道具とみるのが最も適切である。その柄は船

(龍骨、骨組、船縁)で、刃は衝角で、武器を投げる手は乗組員によって形成されているのである。アテナイの軍港ゼアの造船台ネオイラの遺物に見るいくつかのレリーフによって、われわれはその三段櫂船を復元することができる。

古典的三段櫂船は長さ約三十五メートル、幅約五・五メートル、したがって長さの係数を約1/7とする船である。頑丈に造られていて、船尾は櫂舵をよりよく機能させるために、立っている。船首材は水線の高さで、さまざまの形の頑丈な青銅製衝角によって補強され、覆われている。吃水は浅くて一メートル以下であった。そこで、船は海面より非常に高くすることができなかった。そうでないと、わずかな操船ミスによって顛覆するおそれがあった。百七十人の漕手の力で走り、一人の舵取りに指揮されたこの三段櫂船は、全力をもって敵の横腹に船首を突き刺し、ついで、乗組員が逆方向に漕ぎ、あけた穴から水がはいるのを見ながら後退する。戦いの前に、巡航用の帆をもっている三段櫂船は帆をたたむ。そうでないと、帆は衝撃のために漕手の上に落ちてくるおそれがある。しかし、すべての混雑を避けるために、もしそうできる場合には、船はマスト、帆、帆桁、操帆装置を陸地に置いてゆく。

しかし、三段櫂船のもつ大問題は漕手の配列ということである。積み重ねた三段の漕手の存在を不可能とみなす一派が今もって存在している。この派の支持者のあいだで支配的な考えかたは次のようなものである。……記録によってわれわれは三段櫂船の船縁に三種の漕手がいたことを知っている。thalamite《タラミテ》, zygite《ジギテ》, thranite《トラニテ》の三種である。これらの名称は船における漕手の位置と長さに従って付けられている。タラミテは前部の漕手であり、その名称は船首に室すなわちタラモスがあることから来ている。タラモスは、甲板をもたない三段櫂船の前方上部構造の下にある室のことである。ジギテは中央の漕手であり、トラニテは後部の漕手である。櫂の編成はどうかといえば、十五世紀のジェノヴァのガレー船の場合と似ていた。すなわちゼンジル風の漕ぎかた、と呼ばれるものである。船の軸線に対してわずかに斜めになっている各舷側一つずつの漕手用腰掛けにそれぞれ三人の漕手が就く。漕手は櫂を一本ずつもっている。そこで、櫂は長さも高さも他の櫂と少しずつずれている。有名なルノルマンのレリーフのようなレリーフが、積み重なっている櫂という印象を与えるのはそのせいである。……この見解あるいはこれに近い見解の最も熱烈な擁護者の中にW・ターン、C・G・スター、M・アミトがいる。(14)

しかしながら、この立場を支持するのはむずかしい。まず第一に、最大限五・五メートルの幅の船で同一の（あるいはほとんど同一の）面に六人の漕手を配置し、最大の行動の自由をもたせるということが、その上、配列を前部に向って先細りにするということが、どうしてできようか。次に、この立場はアリストパーネスの証言を捨てている。俗っぽい戯れであるという口実で、この証言を排する権利はだれにもない。この証言はよく知られている。『蛙』の中の一節で、地獄でアイスキュロスとエウリピデスが対立する激論のさいに、ディオニソスはエウリピデスに対して「タラミテの口の中に放屁する」ことを知ったことをあげて非難した。(15)このことは、タラミテが他の漕手に比べて低い位置にいることを思わせる。それにまたこれは、タラミテは下に、ジギテは中に、トラニテは上にいると述べてあるアリストパーネス注釈書の明示するところでもある。以上のような次第であるから、われわれとしては、三段の漕手は重なっていること、漕手が混乱なく漕げるように浮上部分の高さが考慮してあること、を認めざるを得ない。

提出された多数の仮説の中で、最も満足すべきものは、議論の余地なく、J・モリソンの説である。(16)彼にとっては、三段櫂船は二段櫂船にほかならず、その二段櫂船の船縁に軽い付属的な設備を、すなわち船の外にはみ出している一種の小さな平屋根 parexeiresia《パレクセイレシア》 を加えたのである。トラニテがいささかアクロバチックな姿勢で位置するのはこの平屋根の上であり、このことは、彼らが最も経験を積んだ漕手であることを明示する。ジギテは甲板の高さにあり、タラミテは、甲板の下部に造られているタラモスの内部にいることからその名が生れている。各段の漕手は自分の上にいる者より僅かにずれて位置している。それゆえ、憐れなタラミテは後ろへ櫂を曳くために前かがみになるとき、彼の上にいるジギテの自然の発散物を吸いこむのに適した位置に来るのである。下の櫂は、船体の、水線より僅か上のところに設けられた舷窓を通って外に出ているので、海水が船内にはいらないようにするために、アスコマと呼ばれる革袋でこの櫂承《かいうけ》は閉じられる。アスコマは十分に柔軟であって、櫂の柄がそれを貫いているのに櫂の操作を妨げるということはない。上の二段は、このような保護装置を必要とせず、櫂はただ櫂承の上を通っているだけである。漕手の段の配置と漕手各人の位置のおかげで、すべての櫂は四・二メートルという同じ長さをもっている。最後に、われわれがすでに見たように、漕手の各人は腰から上で動くことから来る加熱を和らげるために座布団をそなえている。

当初、三段櫂船は舵取りと船長のいる後部の上部構造と、epibates《エピバテス》 すなわち海の歩兵（重装歩兵、投槍兵、弓兵）を乗せている前部の上部構造しか持っていなかった（歩兵は、接近戦あるいは上陸のために少数を載せた）。ついで、三段櫂船の全体は乗船部隊の移動と帆を受けもつ操縦船員の移動のための上部構造で覆われた。この上部構造は、（甲板がある場合には）ジギテの高さにある甲板とは何の関係もない。もう一つの軍事上の完成が、ペロポネソス戦争時に、三段櫂船にもたらされた。epopides《エポピティデス》がそれである。これは、前部の船体から著しく飛びだしている頑丈な船首で、敵船にかなり近づいたとき、敵船の櫂を、いや船首材をも折ってしまうことができた。(17) 外見からすると、ギリシアの三段櫂船は恐るべき戦闘用具ではあるが、かなりみすぼらしい船であった。たしかに、好い風向きの時の航海では、幅約二十二メートル、高さ約八メートルの帆のおかげで、船は七ないし八ノットで走ることができた。しかし、戦いのさいは、漕手隊は五・五ノット以上の速度を船に与えることはできなかった。そのとき船はただ、漕手隊がよく訓練されているという条件のときに、著しく柔軟な行動力を発揮した。(18) みすぼらしい船である三段櫂船は航海能力は弱く、好天時の船である。したがって、海岸からほとんど僅かしか離れて航行できない。余儀ない事情で例外的に沖合で錨を下して夜をすごすという場合は別として。この船は四十ないし五十キロの軽い錨をしかもたず、そんな錨では安定した碇泊は無理であり、それればかりか、錨を引きずって走る傾きさえある。せいぜい、この船はエーゲ海からエジプトまでというような安全で短い航海に向くのである。航海しないときは、船は陸にあげられる。たとえ戦闘のさいでも。そんなわけで、ギリシア戦役の最も有名な海戦（そう呼べるとしたら）の一つが陸上戦であり、そこでは、ギリシアの三段櫂船の上陸部隊が浜辺にあげられたペルシアの艦隊を攻撃し破壊しているのである。[19] 一方、それは、ペロポネソス戦争のさい、その二年目に、みごとな活躍をみせる注目すべき侵略用具となっている。[20]

古典時代では、三段櫂船は二百人を少し越える人員を乗せる。まず第一に、百七十人の漕手。構成は、五十四人はタラミテ、同数のジギテ、六十二人以上のトラニテである。ほかに、時代によって異なるが、五ないし二十人のエピバテス、および、帆を操作する数人の操縦船員を算えなくてはならない。参謀本部はどうかといえば、船の名目上の長である三段櫂船司令官、航海についての実際の長である kubernetes《クベルネテス》、船の進路を指示する実際の副長である proreute《プロレウテ》、監督士官 pentecontarque《ペンテコンタルケ》、最後に aulete《アウレテ》(笛吹き) に助けられて漕手隊にリズムを与える keleuste《ケレウステ》がいる。三段櫂船司令官と監督士官はもとよりとして、参謀本部は別格扱いであった。それは、アリストパーネスが作中人物にいわせている言葉で知ることができる。「まず漕手からはじめなくてはならない。ついで、舵に手を触れることができるようになる。そのあと、プロレウテとなって風向を観測し、最後に自分自身で指揮するに至る」[21]。現代の習慣に従って人びとが想像するかもしれないものとは反対に、漕手隊に属するのは原則として市民に限られている。クセノフォンの名で出された『アテナイ人の共和国』の作者、すなわち寡頭制の政治宣伝文の作者が次のように書くことができたのは根拠あってのことである。「アテナイで貧乏人と平民が貴族と金持ちよりも多くの有利さをもっているのは正当であると私はいいたい。その理由は、船を動かし、都市に力を与えるのは平民であるということにある」[22]。それにまた、これは第二次ペルシア戦役直前のテミストクレスの海運政策であり、これを前五世紀の都市の民主制の起源とみるのが一般的である。緊急の場合、そして他に人員がないときは、あちこちで奴隷を使ったということ、スパルタの艦隊がイロタ（下層民）を乗せたということ、それは事実である。しかし、前者の場合、これは例外であり、後者の場合は、イロタを奴隷と同一視してよいかどうかを知らねばならぬし、この点はますます疑問とされているのである。(23)

C　艦　隊

三段櫂船が古典ギリシア期における艦隊の衝突武器であるといっても、これが艦隊を構成する唯一のものであったと考えてはならない。たとえば、サラミスで戦った艦隊をみると、三段櫂船とならんで、これより規模の小さいあらゆる種類の船もまたあった。したがって、ギリシアの艦隊は三百七十八隻を含んでおり、このほかに、ヘロドトスの言明によれば、五十櫂船がある。(24) ペルシアの艦隊はどうかといえば、遠征の初期には三千隻の船を含んでいたであろう。そのうちの千二百七隻は三段櫂船、残りは漕手三十人ないし五十人の船、馬を運ぶ船、および軽量船したがって漕手三十人以下の船で構成されていたであろう。(25) このことは容易に説明できる。一方では、三段櫂船は高い経費を要し、非常に訓練を積んだ乗組員を必要とする。他方、戦いのさいに、小形の船は大形船の間を縫って忍びこみ、接近戦で大役を果すことができる。

それにもかかわらず、最もすぐれた艦隊は前五世紀と四世紀のアテネの艦隊であり、これはテミストクレスの政策の産物である。(26) まさしくこの艦隊は、三段櫂船司令官職というよく知られた制度を仲介としてアテナイ市民が作りあげたものである。その制度は課役と呼ばれるもの、すなわち富裕者が集団のために自主的におこなう出費のことである。三段櫂船司令官は国家から一隻の船を受けとり、一年間これを維持することを約束する。彼はそこで乗組員を募り、とりわけ船員の給料を前払いする。したがって、それは大きな財政上の負担であり、弊害を生むおそれがあった。三段櫂船司令官は乗組員の全員を募集したわけではない。それでも、正常乗組員の全員に見合う分の経費を出させられたり、返済させられたりした。そこで、定期的に検査がおこなわれた。そのかわり、三段櫂船司令官は船の指揮権を受けとり、その任期がおわるときに、もし任務を首尾よく果したならば名誉の報酬すなわち三段櫂船長冠を受けるのであった。まず第一に良き市民によって求められる三段櫂船司令官職は、非常に大きな任務となったので、前四世紀には三段櫂船共同司令官職と呼ばれるものの中で数人の課金支払者がその職責を分担するのを承認しなければならなくなった。他の艦隊の大半で起きることとは反対に、三段櫂船司令官の海上指揮は実際であるよりは遥かに多く名目的である。なぜなら、彼はしばしばその能力をそなえていないからである。

戦役以外では、三段櫂船は陸上に引きあげられて、港の小屋 neoria《ネオリア》 に置かれる。船具は特別の倉庫 skeutheques《スケウテケス》 におさめられ、政務官の監視下に置かれる。政務官は、三段櫂船司令官に船具が渡されたときと、彼がそれを返還するときに船具の状態を点検するという任務を課されている。

このアテナイの艦隊は第一次ペルシア戦役の直前には約百隻の三段櫂船で形成されていた。艦隊は第二次ペルシア戦役のさいは約三百隻の三段櫂船を含んでいて、そのうち百八十隻がサラミスの戦いに加わった。ついで、デロス同盟のときは、艦隊は同盟国の寄与のおかげで著しく増大した。しかし、ペロポネソス戦争末期の破局によって全滅した。艦隊は、かなり早く再建され、前四世紀のあいだ種種の運命を味わった。しかし、またしてもアレクサンドロスの時代に、海軍工廠の報告は、艦隊が少なくとも理論的に二百七十七隻の三段櫂船を並べることができたということを示している。(27)

アテナイの艦隊がいかに有名であったにせよ、それがギリシア古典期の唯一のものであったわけではない。サラミスの戦いで、アテナイの割当てはギリシア艦隊の半分をしか占めていない。また、勇猛果敢の賞に値したのはアテナイの部隊ではなく、やがてアテナイの部隊に吸収されることとなる旧敵エギナ島の部隊である。ペロポネソス戦争の時代にアテナイがしばしば海で輝いたのであるが、強力な敵に会って、ついには敗北した。まず第一に、これまた海洋民族であるシラクサイ人、ついでスパルタ人自身。彼らは傑出したリサンデルという海の男をもっていた。そのほかに、東地中海ではペルシア艦隊を考慮にいれなくてはならなかった。ペルシア艦隊の中核は、アジアのギリシア都市の解放以後は、フェニキア人の船で構成されていた。フェニキアの三段櫂船はギリシアの三段櫂船より重たく、しかし機動性は劣っていたようである。縦横比はより小さく、水線より上の部分の高さはより高かった。そのかわり、乗船している海兵隊員の数はより多く、彼らは接近戦により適していた。

最後に、同時代に、西方で、われわれがほとんど知識をもっていない二つの艦隊が発達している。一つはエトルスクの艦隊であり、他の一つはカルタゴの艦隊である。両者は、コルシカで前六世紀にフォセアエ人とエトルスク＝カルタゴ連合軍と対決したアレリア〔コルシカの都市〕の戦いでともに栄光の時を持ったのであるが、エトルスクの艦隊は、前四七五年のクメ海域〔クメは南イタリアの都市〕でシラクサイ人に敗れてからも生きのびたようにはみえない。カルタゴの艦隊はといえば、これはフェニキアの艦隊とほとんど区別がつかなかったはずであり、いずれにしても、これまた前四八〇年のヒメラ〔シチリアの都市〕の大敗後姿を消す。

4　ヘレニズム時代の艦隊

前四世紀末に海運技術にまぎれもない革命があらわれる。アレクサンドロス帝国の解体（それによって三段櫂船艦隊が消えたわけでは毛頭ない）から生れた革命、ヘレニズム時代の諸王国の艦隊に特徴を与える革命である。この革命は造船に関して求められた巨大性、乗船させる砲兵隊の発達という点で特徴づけられる。こうして、大形軍船はまぎれもない要塞となる。この種の艦隊は、アウグストス帝によってローマ艦隊が建造されるときまで、地中海を支配することとなる。マケドニア王国、ペルガモン王国、セレウコス王国、プトレマイオス王国の艦隊がこれであり、ある程度まではカルタゴ戦争時のカルタゴとローマの艦隊もこれである。

近代的軍艦の最初の出現は、tetreres《テトレレス》（四の船）と penteres《ペンテレス》（五の船）の出現である。これらは、多少の確かさをもつ伝承によれば、前四世紀の初期にシチリアまたはカルタゴで発明されたらしい。(28) もっとも、発明者の名は著作者によって変っている。それらの船がオリエントにひろがったのはその世紀の末にすぎない。なぜなら、われわれに知られている、わずかな数のアテナイのテトレレスは前三三〇年のものである。このときから、テトレレスはすべての艦隊の基本単位となる。これらの船が投げる主要な問題は、またしてもテトレレス（四の船）とペンテレス（五の船）をいかに解するかということにある。相矛盾する説がわれわれの前にあるだけに、なおのことそうである。ある人びとにとっては、それらは三段櫂船のように重層配置された漕手の列をもつ船のことである。他の人びとは、自らの知識の欠如を言明すると同時に、古代人は一本の櫂に数人の漕手をつけるということは決してなかったと言明している。事実、すぐに不条理に陥るということなしにこれらの意見のどちらかに与《くみ》するということは、非常にむずかしい。というのは、第一の場合には、水線より上の部分の高さによって安定性が脆い船、そして、上層の櫂にデリケートという以上にむずかしい操作が要求される船、があらわれる。[29] 第二の場合には、二つの言明をどう調和させるのかがまことに分らない。最もありそうなことは、また頭脳に対して最も合理的なことは、三段櫂船をこえたときに、列を重層配置することと櫂ごとに数人の漕手をつけることを混用した船があらわれる、ということを考えることである。このような条件の中では、テトレレスというのは櫂ごとに二人の漕手をつけた二段櫂船にほかならず、ペンテレスというのは櫂ごとに二人の漕手をつけた一本の列と櫂ごとに三人の漕手をつけた別の列をそなえている二段櫂船にほかならないという可能性が大いにある。これはJ・モリソンが樹てた最も論理的な仮説であり、彼はテトレレスの櫂の数は三段櫂船の場合より三分の一少ないようであると指摘している。[30] したがって、このような船は当然のことに三段櫂船よりも大きく頑丈であった。しかしその衝突力は、その容量の大きさのゆえに甚大であった。

この二種類の船のほかに、記録はヒエロン〔シラクサイの僭主〕の『シラクサイ』号に匹敵する軍船、まぎれもない巨船の出現をわれわれに告げている。その創始者は、かの有名なポリオルケテス・デメトリウスであったらしい。彼は卓越した軍事司令官、軍事上の策略家であり技術者であったが、政治家としては人を離間させることに長《た》け、はじめは父である片目のアンチゴネに与《くみ》し、ついで自らの野心の子となった人物である。hexeres《ヘクセレス》（六の船）が一時的にこれより前にあらわれていたとしても、それは彼の登場とともに hepteres《ヘプテレス》（七の船）とならんで艦の本質的要素となる。一方、前三〇六年に、プトレマイオス王家はキプロス島のサラミス海域でデミトリオス軍に対決したさい、まだ penteres《ペンテレス》（五の船）をしか持っていない[31]。しかし、前三世紀のはじめ、すべての境界が外される。デメトリウスのがわでは、今や pentekaidekeres《ペンテカイデケレス》（十五の船）、hekkaidekeres《ヘクカイデケレス》（十六の船）について語る。敵もじっとしてはいない。マケドニアからデメトリウスを追放したリシマクスは、okteres《オクテレス》（八の船）である『レオントポロス』号をもつ。これは千六百人の乗組員を乗せ、カッソンがいうように、「八の船」であるよりはむしろ「十六の船」に匹敵する可能性を大いにもっている[32]。こうして、プトレマイオスの怪物に、eikoseres《エイコセレス》（二十の船）に、triankonteres《トリアンコンテレス》（三十の船）に、そしてついにプトレマイオス四世ピロパトルの tessarokonteres《テスサロコンテレス》（四十の船）に達する。まことに、この最後のものはもっぱら珍奇の品として扱われることになる。この船は長さが百二十メートル、幅が十五メートル、高さの最高部が水線から二十一メートルあり、四千人の乗組員を乗せていた、ということを考えてみれば、このことは容易に分る。[33]古代に関してこんな数字を見るとき、人は驚きを感ずる。しかし、十八世紀と十九世紀のいくつかの博学な空想は別として、これらの数字が重層配置した漕手用腰掛けの数をあらわすと想像することは明らかに不可能である。古代の船が三段以上の漕手の段をもったということはあり得ないようにみえるので、また、一本の櫂にかかる漕手の数を無限に増大してゆくことは不可能であるので、これらの怪物の形について人は推測の中をさ迷うことになる。それにまた、知られている最も長い櫂、すなわち四十人の櫂は十七メートル以上の長さをもち、その柄は比較的短かったということ、船員が柄を操作するのに必要な均衡は柄の中に流しこんだ鉛によって得られていたということ、に留意しなければならない。その結果、今日では決定的な最良の答えはL・カッソンによって提唱されているものであるようにみえる。彼は「四十の船」は漕手の人員のほかに三千人以上の人間（参謀部、海兵……）を乗せていたこと、他方、この船が二つの船首、二つの船尾をもっていたことが語られていることを考察して、この海の巨人は壮大な甲板で結ばれた二隻の「二十の船」でできている一種の組合せフロートであると論じている。これは、ある意味で、この船の操縦のむずかしさと船の衝撃力を説明するであろう。「二十の船」はどうかといえば、これは、一本の櫂に段層のちがいによって八人のトラニテ、七人のジギテ、五人のタラミテ〔九六―九七ページ参照〕が付いている巨大な三段櫂船に他ならないであろう。「十五の船」は、八人と七人の漕手をもつ二段櫂船、あるいは三段櫂船であろう。このような条件の中で「三十の船」[34]は「四十の船」と同じように、二隻の「十五の船」で形成された組合せフロートということになろう。しかし、それでもなお、これらのことはすべて推測によるものであり、これらの仮説がもっともらしいとしても、十分に明瞭な文学、碑文、あるいは図像の資料が欠けているので、絶対的に根拠あるものとみなすことはできない、という事実を強調しなければならない。

とはいえ、ヘレニズム時代の王国の艦隊が組織されたのは、これらの巨人を中心としてであった。そんなわけで、ローマ時代のある著作家によって保存された文章によって、すなわち銘文とパピルスによってある程度確証されている文章によって、われわれは前二四六年のプトレマイオス二世フィラデルフォスの艦隊の大単位の数を知っている（十七隻の「五の船」、五隻の「六の船」、三十七隻の「七の船」、三十隻の「九の船」、十四隻の「十一の船」、二隻の「十二の船」、四隻の「十三の船」、一隻の「二十の船」、二隻の「三十の船」）。これに加えて、テトレレス、三段櫂船などの小トン数船、triemiolia《トリエミオリア》 のような軽量船で形成された隊がある。トリエミオリアというのはそのころ出現した船であるが、今日に至るもなお、それがどんな船であったかは大して正確に分っているわけではない[35]。東地中海が巨大船の流行に服さなかった一大艦隊を知ったということもまた、われわれとしては留意しなければならない。その艦隊はロードス島の艦隊であり、最大の船もテトレレスの型を越えなかったようにみえ、反対に多くの小形船をそなえていた。このことは、東地中海においてこの都市国家が果した役割を容易に説明する。この艦隊は海賊としてエーゲ海の警察機能を保証するのであって、政治上の支配を求めてはいないのである。それに、それを求めたとしてもその能力は明らかになかった。

5 海戦の変遷

海戦の原始形態は単純である。それは、船の航海性能よりも乗船している海兵の能力のほうに依存している。本質的には、われわれがすでに指摘したように接近戦であって、古拙の壺が示すように、必ずしもまことの軍艦を使うことを必要としなかった。[36] この形態の戦いは、非常に大きな損傷を受けていない敵船を捕えて有利に自らの艦隊の戦力を増すという大きな利点をもっている。そこで、この形態が常に使われた。ツキジデスのいうような「経験に欠けていたとき」とは限らないのである。[37] 衝角の出現、ついで三段櫂船の出現は海上における戦争の条件を全面的に変えた。もはや敵船を捕えるということは問題ではなく、敵船を破壊することが主眼となる。それにまた、テルモピライの戦いより前にテッサリアの海域でギリシア人とペルシア人が相対した海戦に、古い戦いと新しい戦いの対決が非常に明瞭にあらわれている。古い戦術というのはスキアトス島の海域で両軍の偵察艦が対決する場合である。ギリシア側の二隻の船が接近戦で捕まった。しかし、海兵の一人が彼ただ独りで、その勇猛によって事態を逆転させようとしたが、もう少しというところで果さなかった。第三のギリシア船は、沖合から敵に包囲され、浅瀬に乗りあげる以外に道はなく、その方法で乗組員は逃走した。[38]

アルテミシオンの戦いのほうは、新しい戦術をわれわれに示す。それはギリシアの戦術ではなくてフェニキアの戦術であり、ただそれを避ける方法だけがギリシアの工夫である。かの有名なディエクプロウス diekplous と呼ばれるものがこれであって、前五世紀のギリシア艦隊の好んだ戦術となる。両軍の船は向いあって並んでいるので、攻撃する船は全速力で敵船の間を通ろうとし、ついで、敵が反応する時間をもたないうちに引返して敵の船尾に衝角をぶつける。あるいは、敵がすでに向きを変えはじめたときはその横腹に衝角をぶつける。エポティデス（衝角補助棒）epotides の使用によってシラクサイ人が完成したのはこの戦術である。エポティデスは敵船の列に割りこんで通るとき、敵船の櫂を破壊するのである。アルテミシオンの戦いに関するヘロドトスの話は、ディエクプロウスの展開を阻止するためにテミストクレスによって発明された対応策を示している。彼は自らの艦隊をせまい円の形に集め、船首を外側に向けさせ、ついで、発進し、横腹をみせている不用意な敵に襲いかかるのである。他方、この対応策は、大がかりな接近作戦の可能性を完全に阻止し、数の上の不均衡を越えるということを可能とした(39)。

まさにギリシア人の発明にかかると思われるもう一つの大戦術はペリプロウス periplous である。これは、パトライの沖合で前四二九年にアテネの戦略家ポルミオンがスパルタ艦隊に対して得た勝利について、ツキジデスが記した描写によって、われわれによく知られている(40)。アテナイの三段櫂船は敵の艦隊をまぎれもない円の中に閉じこめ、その円を少しずつ狭めてゆき、軽量船を発進させて敵の戦列を攪乱した。細部の作戦行動と陸から吹く風のせいで、敵の戦列が完全に乱れたとき、アテナイの三段櫂船は攻撃に移り、次々と敵船を沈めた。

しかし、多くの海戦がこの方式を外れたことは明らかである。海戦の形態は状況と地形に依存した。

なぜなら、船が岸から遠くに陣取ることは決してなく、また、キノスセマの戦いの場合のように、しばしば戦いを陸上でつづけるということがあったからである。キノスセマの戦いは、前四一一年の、ペロポネソス戦争におけるアテナイの最後の大勝利の一つとなった戦いである(41)。前四〇四年のエゴスポタモスの終局戦で、ペロポネソスの大艦隊長リサンデルの指揮するスパルタ艦隊の攻撃によってアテナイ艦隊は全滅するが、この戦いは、乗組員の大半を上陸させて碇泊中の艦隊が敵から奇襲を受けるという古典的様相を帯びている(42)。

したがって、この古典的な戦いは戦争機械を使わないということで特徴づけられている。ただ船、乗組員、海兵だけが重要なのである。ところが、海の巨人の出現とともに、砲が海戦の主要手段の一つとなる。この砲は古代の古典的兵器のすべてで形成されている。すなわち、弩砲、大投石器、大形弩《いしゆみ》……など、敵に対して小石、石弾または鉛弾、発火物をつめた容器、いや毒蛇さえも発射する兵器である。そのほかに、船首にまぎれもない塔をたて、そこから弓兵と槍兵が敵を狙うことができる。これらの武器に対して、最上の防禦は船を装甲し、船縁《ふなべり》の上に乗組員を保護する堅牢な板縁《いたべり》を設けることである。装甲船 navire cataphracte と呼ばれるものがこれである(43)。大単位はいわばまぎれもない砦として行動し、その周りに小単位が集まり、そこから出撃してゆく。しかし、接近すると、戦闘員群団、鉄鉤《てつかぎ》、重たい鉛の繋船柱が加わって戦いは激烈となる。繋船柱は敵の甲板になげつけて、甲板を破壊するものであるが、この器具が初めて出現したのはペロポネソス戦争中のシチリア出兵のさいである。しかし、そのときは港に敵船の侵入するのを防ぐための現代の水中機雷に当る役を、これが

果していた。(44)

6 ローマとカルタゴ

ヘレニズム時代の大艦隊の発展の見られる時代は、また、西方でローマとカルタゴの対決した時代でもある。ところで、この戦いで、少なくとも第一次ポエニ戦役で、艦隊が非常に大きな役割を果した。しかし、戦いが始まるとき、カルタゴは以前から大海洋国である。ローマはそうではなかった。

A カルタゴの艦隊

その重要さと有名ぶりにもかかわらず、西方におけるフェニキア海運の継承者であるカルタゴ海運について、われわれはほんの僅かしか知っていないということを、しっかりと認識してかからねばならない。海運大国であるカルタゴはコトン(湾)の内側にあって風から守られた港をもっている。湾はいくらか人工の加わった円形で、その中心に島があり、その島を海軍艦艇は本拠地としていた。湾岸の全線に船渠があり、船と船具倉庫がおさまっていた。これが少なくとも歴史家の説く伝統的な地勢である。もっとも、この湾のせまさとカルタゴ艦隊の強大さとは不均衡であるという事実から、しばしば問題が生じている。実際、第一次ポエニ戦役の初期だけを見ても、カルタゴは大艦隊をもっている。前二六〇年、ミレス島の戦いのさい、カルタゴは百三十隻の船を繰り出した。これは、それよりさきローマ人によって破壊された五十隻の船とは別である。(45) 前二五六年、エクノモスの戦いのさい、カルタゴは三百五十隻の船を参戦させている。(46) この艦隊は本質的に古典型の「四の船」と「五の船」で形成されているようにみえる。しかし、カルタゴはいくつかのもっと大きな単位をもっている。なぜなら、ミレス島の戦いで提督の船は「七の船」であるから。ポリビウスの記述によってわれわれが知っているこれらの船の唯一の特徴は、それが装甲船であるということである。他方、後代のテキスト（何といってもかなり疑問の余地がある）は、カルタゴの軍船は二つの舵を使っていて、その櫂舵の一本ずつに操舵手がついていたということを示している。(47) このことは、かなり複雑な調整という問題をかかえていたにちがいない。この船は、古典的海戦に習熟したすぐれた乗組員をもっている。ポリビウスの記述は、彼らをディエクプロウスとペリプロウスの戦術〔一〇九―一一〇ページ参照〕の名手として示している。これらの船員は、傭兵によって構成された陸上軍とはちがって、カルタゴ人自身の中からとくに得ていたようにみえる。しかし、古代全体に共通していることだが、特別職の提督はなく、あるときは艦隊を、またあるときは陸上軍を指揮するのは同一人物である。

カルタゴが西地中海でまぎれもない独占区域を獲得することができたことを説明するのは、この海運力である。それはまさに、ポエニ戦役より前にローマとカルタゴの間に結ばれた、有名な著しく議論される条約からも、明らかである。この条約はローマとその同盟国に対して、たとえ商業上のものであってもアフリカ海岸と南スペインの海岸の航行を禁止している。(48) 例外は特記されたいくつかの港だけである。しかし、人びとが想像するかもしれないこととは反対に、第一次ポエニ戦役のさいに非海洋国であるほうの大国が制海権を得て、カルタゴの勢力は、ローマ軍に叩かれた艦隊を常に再建しなければならないという必要から、衰えていった。第二次ポエニ戦役のさいに軍船の果した役割が小さかったことを説明するものは、一度も海上で指揮したことのないアレクサンドロス大王に匹敵するハンニバルの存在、およびたぶん右の事情である。

B　ローマと海

ローマがメッサナの住民の懇請にこたえて第一次ポエニ戦役という冒険に身を投ずるとき、ローマはいかなる軍船ももっていない。ローマは同盟国の活動に、すなわち、ほとんど時代遅れとみなしてよい船をローマに供給する南イタリアのギリシア人都市（複数）の活動に、依存せざるを得ない。それらの船は、もっぱら数隻の「五十の船」と数隻の三段櫂船である。ポリビウスによれば、「長い船」（明らかに装甲船を指す）もなく、小船もなかった[49]。このことは、ポエニ戦役以前のローマの海運力について今日形成される傾きのある一つの考えかたとはうまく調和しない[50]。

事実、第一次ポエニ戦役のときまで、ローマは海に面したがわの国土の防衛を、戦略的地点に位置する海洋植民地を仲介としておこなう純然たる陸上防衛であると考えていた。前三一一年にドゥオウイリ・ナウアレス dououiri nauales（二人の特別執政官）という職が創設されたこと、これが前二八二年におけるタレントム〔イタリア南東部のギリシア人の都市〕との戦いに十隻の艦隊の長となって関与したことは、右のこととは対立しない。なぜなら、タレントムとの戦いのあと、この職については二度と語られなくなるから。クエストレス・クラシ quaestores classi（艦隊財務官）という職が前二六七年に創設されたことはどうかといえば、これは当時においてはローマ艦隊の創設ということに関係するのではなくて、ローマの海洋同盟国の動員ということの可能性に関係している。[51] ところで、ミレ〔シチリアの都市〕の戦いでは、早くもその二年目から、ローマはカルタゴ艦隊に対するに、百隻の「五の船」と二十隻の三段櫂船から成る艦隊をもってすることができるようになっている。この艦隊の建造について、ポリビウスは、たぶんある現実性をもっている有名な物語を報告している。ローマ人はいかにして「五の船」を造るべきかを知らなかったので、入手したカルタゴの「五の船」を真似るよりほかはなかった。他方、艦隊が建造されているあいだ、漕手を陸上で訓練した。「地面に設備された漕手用腰掛けに、船員を配置し、船員が船縁にあり、その中央に掌帆長（ケレウステ）が位置するようにした。[52] しかしこの艦隊は敵艦隊の前では力がなかった。その劣勢を補うために、執政官ドイリウスはある器具を備えさせた。これがミレの戦いでみごとな力を発揮し、敵を混乱させ、海戦を歩兵戦に変え、カルタゴ人に勝つのである。ローマの兵士はこれを「コルウス」すなわちカラスと呼んだ。その器具は船首に立てた可動船橋であって、その先端は鉛の塊であった。この船橋を下すと、鉛の巨塊は敵船の甲板にくいこみ、その結果、敵船はローマ船にしっかり繋がれるのであった。[53] ポリビウスの記述が全くローマのイニシアチブによる決定と意思を讃えるためのものであって、著しく美化されているにちがいない、というのは明白である。なぜなら、ローマは乗組員として socii nauales《ソシイ・ナウアレス》 すなわち海洋同盟国の人を使っているのだから。とはいえ、確実にこの記述の中に真実がある。なぜなら、われわれは、戦争のための必要から、ローマもまたサムニウム人〔中部イタリアの山岳地住民〕を、そしてたぶん奴隷を、徴募したことを知っている。[54] したがって、ローマの初期の「五の船」が、カルタゴの模型を使うより前は一本の櫂ごとに五人の漕手がついている船であって、重層した漕手の段をもつ古典的「五の船」ではなかった、というのは可能である。[55] とはいえ、戦争の推移とともにローマは船の数を、船の規模（早くもエクノモス〔シチリア島南岸の岬〕の戦いのときから「六の船」をもっている）を増大し、同時に乗組員と将軍はより訓練された人びととなった。[56] その結果、エクノモスの戦いより後の戦いでは「カラス」の活動しているのがもはや見られない。このとき以降、ローマ人は対等の武器をもってカルタゴ人と戦うことができるようになったのである。とはいえ、航海術にかけてはカルタゴ人ほどの専門家ではなく、天候不順のときには敵よりも著しく多く悩まされた。

C　第一次ポエニ戦役の結果

戦争は、前二四一年のローマ艦隊の勝利、それに伴うローマの海の制覇によって、終る。勝利のときローマ艦隊は二百隻の船から成り、C・ルタティウス・カトゥルスに指揮され、カルタゴの艦隊はエガテス諸島内リリベ島の包囲された地点に運ぶ補給物資で重たくなっていた。[57] しかし、戦争のための努力は対立する両方にとって重荷であった。ローマほどには人間の数に恵まれていないカルタゴは、もはや訓練された乗組員をもたなかった。ローマは、新しい艦隊を建造するために個人の資金に頼らざるを得なかった。かくして、平和は両方のがわから求められた。ポリビウスの書き残した海戦の要点一覧表はそれを平易に説いている。「戦争のあいだローマ人は七百隻を下らない『五の船』を失った。……カルタゴ人はカルタゴ人のほうで、同種の船を約五百隻失った[58]」。

しかし、平和条約はいわゆる海事条項を含んでいない。勝利者ローマは、カルタゴ海運に対して、いかなる禁止も制限もしなかった。たしかに、戦争直後、カルタゴにとっては、経済危機のほかに戦争後遺症の叛乱と島々の喪失があり、海運の再建はほとんど不可能であった。他方、ローマにとっては、アドリア海の海賊民族に対して進めた行動に伴い、自らの艦隊を維持することが必要であった。その結果、第二次ポエニ戦役がはじまるとき、J・H・シールが書いているように、約百隻の「五の船」および約二十隻の「四の船」と三段櫂船をもつカルタゴに対して、ローマは二百二十隻の「五の船」から成る艦隊および軽量船をもち、ローマのほうが実力において海洋大国となる[59]。したがって、第一次ポエニ戦役は、いくつかの衰弱期をもつにもかかわらず新しい時代を、すなわちある表現を使うならば「われらの海」mare nostrum《マレ・ノストルム》の時代を開いたのである。ただし、この表現は、古代人にとっては、今日われわれが解している意味は一度ももたなかったと私は考える[60]。

第六章　紀元前三一年までの海洋支配

第一次ポエニ戦役は、ローマが海洋支配に到達したことを示した。こんどわれわれの前にあらわれる問題は、共和国の最後の二世紀にこの大国に何がおきたかを探ることである。一言にしていえば、前一三〇年ごろに、すなわちエガテス諸島の勝利のときからやっと一世紀以上になるころに書いたポリビウスの記述の中に、真実の部分を識別することが肝要である。「今や世界の盟主となり、かつての日よりも百倍も強くなっているローマ人が、なぜ、今日、多くの船の乗員を都合できず、大艦隊を海に浮べることができなくなっているのかと、人びとはたぶん問うであろう(1)」（ポリビウス）。

1　第二次ポエニ戦役と東方の戦争

第二次ポエニ戦役が前二一八年にはじまるとき、ローマは戦いをアフリカに移すために一目瞭然たる海上の優位を利用しようとする。しかし、ハンニバルの陸上からの攻撃による危険のため、ローマはその計画を捨てざるを得なくなる。計画が再び採りあげられるのはやっと戦争末期になってからで、スキピオによってである。したがって、外見では、ローマの海上の優位は何の役にもたたなかったといってよい。しかし、海上で大きな戦いがなかったのは海上の戦いがなかったということではなくて、海上でおこなわれた作戦がとくに部隊の輸送であり、軍船は、徴発された商船で構成された船団の護衛に当ることでほとんど満足していた、ということに留意しなければならない。最もよく知られているのは、スキピオによって集められた接近艦隊の場合である。それは、チトス・リヴィウス(ローマの歴史家。前五九—後一七)の証言によれば、五十隻の軍船(「五の船」と「四の船」であって大半が新船)と四百隻の輸送船を含んでいた。(2)

ローマ艦隊が参加した唯一の海上大作戦は前二一四—二一三年のシラクサイの封鎖であった。それは百三十隻の船を動員したものであるが、アルキメデスの工夫によってローマ艦隊のほうがとくに打撃を受けた。(3) しかし、これらの作戦を前の戦争の大会戦に比べることはできない。このこととは別に、艦隊は有り得べきカルタゴ艦隊の奇襲に備えて、スペインへの将軍・参謀の輸送のために、そして時として、戦争の最初期のごときは、部隊そのものの輸送のために、海岸監視に当った。執政官P・コルネリウス・スキピオの兵士の輸送のごときは、彼に預けられた六十隻の軍船によっておこなわれた。(4) とはいえ、これらの行動は、いかに限定的なものであったにせよ、艦隊の維持を必要とし、その乗組員は常にローマの「海軍司令」によって供給され、新しい艦隊を定期的に建造しなくてはならなかった。これは、余りに老朽化した艦隊に取って代るためというよりは、敵に破壊された艦隊に取って代わるためである。とくに、前二一四年に元老院の命によって建造された百隻の場合がこれであった。[5]

カルタゴのほうはどうかといえば、劣勢は歴然たるものであった。たしかに、前二一〇年にローマはカルタゴ大艦隊がシチリア島奪回のためにこの島に向うという知らせに震えあがる。しかし、その艦隊は来なかった。そういう艦隊が存在しなかったという明快な理由によってである。[6] カルタゴは、種々の陸上作戦地の近くに艦隊を支隊に分けて分散配置せざるを得なかったために同一地点に五十隻以上の船を集めることはほとんどできなかった。もっとも、前二一二年に、ボミカルの指揮のもとに、シラクサイ救援のために派遣された百三十隻の軍船と七百隻の輸送船から成る艦隊の場合は例外である。しかし、自らの劣勢を確信していたカルタゴの提督は、ローマの艦隊の姿を見るや否や、実はそのローマ艦隊は数において著しく劣っていたにもかかわらず、さっさと引きかえした。[7]

以上のことから結論できることは、ハンニバルが失敗したのは、部分的にはローマ人の海上支配によるということである。その海上支配は彼をイタリアに孤立させ、ために事実上、彼は彼自身の兵力だけに限定されたのである。もっとも、ローマの海上支配は輝かしい成功という形に具体化することはなかった。

戦争の末期に、ローマは西地中海で自由な活動を確保するために、カルタゴ艦隊を十隻の三段櫂船という地味な艦隊に制限した。それは海賊に対して戦い得るぎりぎりの戦力ということだったが、どうしてどうして！　それ以上のものだった。旧敵に対してもはや恐れるところがなくなったローマは、自らの艦隊について関心を失いはじめる。とはいえ、ローマ艦隊はなおも存続し、ローマの支配をへレニズムのオリエントに導く諸戦争のあいだ、すなわち第三次マケドニア戦争のときまで、その艦隊は何がしかの役割を果す。

しかし、これらの戦いでローマはただひとりではない。ローマはかたわらに海洋国をもっている。すなわちペルガモン王国、ビチニア王国、そして、とりわけロードス島がある。したがってローマの海洋努力の持続力は弱い。同盟国艦隊の役割は、たとえば、アンティオコス大王〔セレウコス王国の王〕の最後の敗北の下準備をするもろもろの海上作戦で、目ざましい。前一九〇年のシダ〔小アジアの海港都市〕の戦いで、セレウコス側に走ったハンニバルの艦隊、すなわち、二隻の「七の船」、四隻の「六の船」およびこれ以下の大きさ（たぶん「五の船」と「四の船」）の四十隻の船から成る艦隊を相手にロードス島の提督エウダムスの指揮する三十二隻の「四の船」と四隻の三段櫂船から成る艦隊が戦う。それから間もなく、ミオンネソスの戦いのさい、一方でアエミリウス長官の指揮するローマ艦隊が大王の艦隊に対決し、他方でエウダムスのロードス島艦隊が大王の艦隊に対決する。(8) しかし、第三次マケドニア戦争のさい、ローマはとくに同盟国の艦隊を当てにし、ローマ自身としては五十隻の軍船を派遣するだけである。第三次ポエニ戦役に加わるのも同数の船である。まるで、当時、ローマには大ローマ艦隊の片鱗すら事実上残っていなかったかのようである。

この突然の弱体化の原因は何であろうか。ポリビウスはさきに引用した文章の末尾にこう言明している。「こういう状況の原因は、われわれがこの民族の制度を検討するとき明瞭にあらわれるであろう」。(9) 残念なことに、予告されたその記述は、かりに、それが書かれたとしても、消え去った。したがって、われわれとしてはわれわれ自身の考察をするほかはない。

実際のところ、ローマ人は世界征服者となったときも、ある面ではその初期に近いままであった。経済問題についてはほとんど無知であり、海の安全の重要性を知ることはできなかった。他方、ローマの制度は、高い経費を要し維持・更新のための不断の努力を求める常備艦隊の建設に同意していない、ということも事実である。この故に、ローマは海洋同盟国の小艦隊を使うという伝統的政策に帰ってゆく。しかし、ローマはその結果について高い代償を払うこととなる。

2 大海賊

当初においては高貴な活動とみなされていたものの、海賊行動は地中海の風土病である。だから、貧しくて山の多い地域に住む多くの海岸または島の民族は見張台の高みから海を監視し、沖をゆく豊かな餌がみつかると、急いで自分たちの船に乗りこみ、それを襲撃するという習慣をもっている。この活動の主要な地区は北アフリカの西海岸、リグリア海岸、ダルマチアの海岸、小アジアの南海岸、エーゲ海の諸島、クレタ島、コルシカ島、サルジニア島である。ギリシア人もカルタゴ人もこの職業と戦った。前五世紀にアテナイはエーゲ海の治安を確保した。前三世紀にその役割はロードス島に引き継がれた。同様に、前三世紀末および前二世紀全体を通じてローマがイタリアの諸王国またはリグリア人に対して進めた戦いは海賊行為をおわらせることを目的としていた(10)。しかし、ローマによる地中海征服は海の安全について忌まわしい結末をもたらした。まず第一に、セレウコス王国とペルガモン王国の軍事艦隊の消滅およびロードス島の威信と力の喪失は、海の治安の歴然たる欠如という結果をもたらした。次に、ローマは戦事捕虜の流入とともに、抜きんでて奴隷制国家となった。奴隷が多くなればなるほど、それへの要求は大きくなる。ところで、戦争は永遠につづくわけではない。そこで、海賊行為が補充しないときは、市場はかなり速やかに枯渇してゆくおそれがある。その結果、ローマは少なくとも初期のあいだは、デロス島の大奴隷市場が正常に動くのを可能にした海賊行為の再発を悪意をもって見ることはなかったのである。

この大海賊行為はシチリア島住民、小アジアの南の住民、およびクレタ島住民によって組織的におこなわれた。海賊は彼らの海岸のそばを通る船から掠奪するということで甘んずるものではもはやなかった。勇敢になった彼らは、帆と櫂をそなえた快速の小形船、すなわち hemiolia《ヘミオリア》 と myoparones《ミオパロネス》 で地中海のあらゆる海岸を荒しはじめた。その上、海賊がローマに対抗してミトリダテス王とスペインの支配者セルトリウスに同盟したとき、海賊は当時の政治史に役割を果した。彼らの力と豪胆さはイタリア海岸に対して行動するまでに進んだ。彼らは町々を劫掠し、長官を拉致し、ローマにとって恥辱の極みだが、海賊征伐のためにテベレ河の入口で勢ぞろいしていた艦隊に火を放つということまでした。ついにローマは眼がさめて、海賊の陸上基地を征服することによって反撃しようと努力した。しかし、前一〇二年―一〇〇年のクレタ島へのアントニウスの出兵、あるいは前七八年―七四年のＰ・セルヴィリウスのイサウリア地方への出兵のごときは、歴然たる勝利にもかかわらず、その行動を持続するための艦隊をもたなかったために何の役にも立たなかった。[11] 逆に、海賊はそのとき海洋帝国の基をつくる。よく隠れ、よく防備されている良港に支えられて、彼らは百隻以上の船から成る艦隊をつくり、それを支隊に分け、有能な艦長の指揮下に置いた。その上、この艦隊は伝統的な軽量艦のほかに大形艦をもつ。あるいは少なくとも戦艦、三段櫂船、二段櫂船をもつ（アッピアノスのみの証言）まぎれもない古典的な軍事艦隊となった。アッピアノスはずっと後代になって書いたのであるが、全体として消息に通じている。[12] しかし、これらの海賊は若き日のカエサルの冒険がわれわれに想起させるような無敵の者ではなかった。若き日のカエサルは小アジアの海岸で海賊に捕えられ、一たび身代金と引換えに解放されると、小艦隊を組織し、こんどは彼のほうが、かつて彼を捕えた者どもを捕えたのであった。[13]

自らの無力を前にして、ローマは不法に、スペインとスパルタクスの征服者ポンペイウスに、奥行き約七十キロメートルの広さにわたるすべての海と海岸に対して指揮権を与えることに決定した。指揮権は自ら代理官を任命し、二百隻の艦隊を組織することのできる法外な権利を含んでいた。実際に、彼が望むままの条件で装備したのは五百隻の船であった。

この壮大な艦隊の由来と構成はいかなるものであったのか。われわれは残念なことにそれを知らない。せいぜい、われわれとしては、ポンペイウスの採った戦術によって、艦隊は大して大きな船で構成されていなかったと想像できる。同様に、その一部は同盟国の供与によって得られたにちがいなく、他の一部は新しい建造によるものであったにちがいない。それにもかかわらず、ポンペイウスは地中海にまぎれもない碁盤戦術を実施し、それによって彼の主要基地、シチリアのコラセシウムの海域にいる海賊艦隊の主力を徐々に駆逐し、海賊艦隊に恢復不能の打撃を与え、彼らの隠れ家を奪取することができた。この軍事行動は今日われわれがいうような、まぎれもない心理作戦を伴っていて、多くの海賊をして戦わずして正道に戻らせることとなった。この行為は敵側から烈しく非難された(14)。

とりあえずのところは、この冒険はローマ人に何も教えなかったようにみえる。なぜなら、ポンペイウスの艦隊は戦いのあと姿を消すから。たぶん、やがてわれわれが見るように、陸にあげられて、管理されなかったのである。とはいえ、一部分はなおもオリエントでしばらくのあいだ使われた。そして、その艦隊はポンペイウスのかずかずの勝利に、またアジアとシリアに対するローマの支配に貢献した。

3 内戦

この標題のもとに私は、第一次三頭政治から、海洋政策におけるローマ人の伝統的観念を暫定的に終らせたアクチオンの戦いに至るまでの、ローマと地中海の全時代を含ませようと考える。

A ガリア戦争

カエサルとその代理官たちの海洋作戦は地中海の外でおこなわれたにもかかわらず、ガリアの戦士はやはり大いに興味ぶかい。なぜなら、それはローマ人にとって新しい問題、すなわち、「外なる」海の性格（嵐、深いうねり波、強烈な潮）および原住民の船によって起される新しい問題に対決するローマ人を示しているから。前者を解決することに関して、カエサルとその提督デキムス・ブルートスは大した独創性のしるしを見せなかった。彼らは前五六年のヴェネティ族との戦いのさい、ロワール河の河口で必要に応じてその場で造った古典的タイプの船に依存した。せいぜい、前五四年のブリタニア上陸のさい、輸送のために、カエサルは英仏海峡航行の条件によりよく適した混合船をその場で造らせただけである。しかし、他方で、彼は気象条件も潮の強さも予知することができず、ために彼の上陸用艦隊の一部は消滅した。この戦争における唯一の会戦は、ロワール河で建造された艦隊とヴェネティ族の艦隊が、たぶんクロワジク湾の水域で対決した場合である。(15) この会戦は地中海の船が大西洋の戦いに不向きであることを示している。衝角と塔をもつ船をもって、樫の木で頑丈に造られた舷側の高い敵船に対するのは不可能であった。風が吹いているとき敵船と速さを競うのは不可能であった。なぜなら、敵船はその広い革の帆のおかげで僅かな微風をも最大限に活用することができたから。最後に、敵船の吃水が浅いために、彼らを暗礁と浅瀬で追うことが不可能であった。しかし、ヴェネティ族の艦隊は、アエガテス諸島の戦いの場合のいわば再現である戦術によって、結局は打ち負かされた。ローマの船は、べた凪ぎを利用して、敵船に近づき、長い柄のついた鎌で、帆をあげる動索を断ち切り、敵船の帆を無用のものとし、ついで、接近戦では兵士の数の多さに乗じて攻撃したのである。(16)

B　カエサルとポンペイウスの対立

最初の内戦はいくつかの海洋作戦を見たが、真の大海戦に至ることは一度もなかった。それにまた、勢力間の不均衡ということも認めなくてはならない。カエサルは軍船をもっていない。ポンペイウスはアドリア海に二百隻の船（「五の船」「四の船」……）から成るビブルスの艦隊をもち、ロードス島艦隊のような同盟国の船で構成された他の艦隊を東部水域に配備していた。この状況に対決するため、カエサルはマルセーユ包囲のさいのように、イタリアのギリシア人都市で造らせるか徴発するかした船を活用する。まさに、このマルセーユにおいて、デキムス・ブルートスがアルルで急造された小さな艦隊をもってこの都市の船と対決した真の会戦が、みられるのである。さらにまたここで、カエサルの提督は乗船させた兵士の軍事的優勢によって艦隊の劣勢を補ったのである(17)。ついで、事態はカエサルに有利な方に変った。それはビブルスが、輸送船団のアドリア海通過を阻止できなかった失敗と、オリエントにおけるカエサルの支配を許すこととなるファルサロス会戦のせいである。アレクサンドリアの戦争はこの大都市の港におけるいくつかの作戦を見たが、その戦争のあと、海上戦争はアフリカ海岸に移った。しかし多数の船がこれに加わるということは一度もなかった。反対に、多数の小艦隊が双方のがわで海岸都市包囲作戦に用いられた。これらの小艦隊は、部隊と補給船団を守り、敵に占領された地域に侵入し、あるいはわずかな船を戦列に出すだけの数多くの小ぜりあいをした。カエサルが、ルスピナの港でポンペイウスの軍に包囲されたとき、自らの船の乗組員を上陸させ戦争用機械を陸揚げさせて砦の防衛に当らせた、という場合さえ見られる。したがって、この時代についてはまことの海上戦争を語ることはできない。この時代の作戦は、第一次ポエニ戦役によりも、第二次ポエニ戦役のほうに似ている。

C セクストス・ポンペイウスからアクチオンまで

前四四年三月十五日のカエサル暗殺のあと、まず何よりも旧敵間の大和解があった。その結果、伝承によればスペインで山賊となっていた大ポンペイウスの生き残りの息子、セクストス・ポンペイウス・マグヌスは、ラピデスの仲介によって元老院に接近し、理論的には自己の家族財産を取りもどす。アントニウスと元老院の最初の紛争のさい、セクストスは海賊に対して父が持っていたものを想起させる指揮権を自分のほうに取りもどす。彼は praefectus classis et orae maritimae《プラエフェクトス・クラシス・エト・オラエ・マリティマエ》 すなわち沿岸艦隊司令官に任命される。ただし、イタリアに関してだけである。このようにして彼は、第二次三頭政治終結のさいに（再び彼は被追放者となる）イタリアと島々にある船をたぶん取得し、個人的政策を進めることができるようになる。そこで、彼は島々を占拠し、自分の船を差し向けて半島の海岸で探し出した被追放者をその島々に歓迎した。そのときである。ローマ史を通じて、いや全古代史を通じてとまでいってよいかもしれない、最も奇妙な冒険の一つがはじまるのは。海の制覇によって権力を奪うという試みである。中部地中海の主となったセクストスが、ローマへのすべての補給路を支配し、ローマを飢えさせ、その結果、重大な内紛の脅威を前にした三頭政治家が前三九年についにメッサナ条約で彼と妥協するに至ったとき、彼の試みはわずかのところで成功を逸した。このことのゆえに、われわれはこの人物について知るところ著しく少ないのである。なぜなら、彼はオクタヴィアヌスにとって大変な脅威であり、そのため、セクストスの敗退ののちは、セクストスの名は勝った競争者への恨みそのものとして結晶したからである。

そんなわけで、海神の子または被保護者ネプチュニウスと自称し、青味がかった（海の色）軍服をまとった「皇帝」は、早くもホラティウスの詩とアウグストスの回想録にあらわれる伝承の中で、海賊の頭目、暗鬱な人でなし、大ポンペイウスの変質息子ということになった。したがって、彼の計画の独創性を彼のものとすべきであるとしても、あるいはその計画が彼の提督たち（すなわち彼の父に征服されて父に奉仕することとなった海賊の頭目たち）の仕業であるとしても、セクストスとはそも何者であったかということを知るのは、われわれにとって可能である。実際には、彼の本質的な間違いは、敵対者たちの善意を信じ、敵対者たちの尊重しない和平条約の締結を承諾したことであった。敵対者たちはこの条約によって、オクタヴィアヌスの友であり提督であるところのヴィスパニウス・アグリッパの仕組む最後の戦いを準備し、アグリッパは前三六年の九月にナウロクスの戦いでセクストスを打ち破るのである。

セクストスの艦隊は、時の経過とともに次々と増えていったさまざまの要素から成っている。当初、それは元老院から彼に預けられたイタリアの船を含んでいる。ついで、前四二年十月のフィリッポスに対するカエサルの二重の敗北ののち、艦隊は共和国の艦隊を加えて大きくなる。最後に、シチリアとサルジニアの支配者となったセクストスは、造船に取りかかった。そのようなことがあったにもかかわらず、彼の艦隊が巨大になったことは一度もなかった。艦隊の最盛時に四百隻に達したとしても、いま述べたことは全く正しい。その四百隻はギリシア時代の怪物とは無縁であった。古資料は軽量快速の、乾舷の比較的低い船について語っている。たぶん、セクストスの艦隊を海賊艦に見なそうとする伝統が存するのである。しかし、われわれは、船の大半は三段櫂船と「四の船」であったと結論しなくてはならない。この艦隊は、よく訓練された自由人、解放された元海賊、またセクストスによって解放された追放奴隷（メッサナ条約にもかかわらずオクタヴィアヌスの命によって処刑されることになっていた）で形成された乗組員をもっていた。それは、いわば、船の扱いやすさと衝角の力を頼みとする古典的艦隊であった。

セクストスに対して、アグリッパはこれまた四百隻に近い船から成る完全に新しい艦隊をつくった。この船数に加うるに、オクタヴィアヌスから解雇されたポンペイウス艦隊指揮官の一人のもつ船があった。この艦隊はナポリの北、ルクリヌス湖でつくられ、訓練された。アグリッパはこの湖を運河によって近隣のアヴェルヌス湖に結びつけ、一大海軍基地「ユリウスの港」とする考えをもっていた。一部は即席加入である彼の乗組員は、セクストスの乗組員に太刀打ちできるものでないことを知っているので、アグリッパは徐々にミレ島の会戦におけるドイリウスの戦術に戻ってゆく。彼は大量の大形船を造らせる。塔と砲をそなえた「四の船」と「六の船」である。衝角をもたないので、これらの船は砲弾の雨で敵を圧倒するという役目をおびている。ついで、「カラス」を思わせる特別の、よく分っていない引っかけ鉤によって、彼らは敵船に近づき、そのとき乗船している歩兵隊の数と軍事上の優位を活用する。さらに、これらの大形船のまわりを、それより小さい船すなわち三段櫂船と二段櫂船が動いている。ナウロクスでこの三百七十隻の艦隊はセクストス・ポンペイウスによって戦列に出された二百隻を粉砕し、こうしてセクストスの野心のすべては潰《つい》えたのである。敗者はそこでオリエントに逃げ、間もなくアントニウスの代理人によって暗殺される。[18]

　五年後にオクタヴィアヌスとアントニウスとの争い、公式にはローマとクレオパトラのエジプトとの争いの最終幕が演ぜられるのもまた海上においてである。前三一年、アントニウスの艦隊が、ギリシア時代の大艦隊の最後のものとして、アクチオンにあらわれる。著者によってちがうが、二百隻、四百隻、いや五百隻さえももっているその艦隊は多数の三段櫂船のほかに、塔と砲をそなえ多数の歩兵を乗せている数隻の巨船を含んでいる。すなわち、「八の船」、「九の船」、「および十の船」である。この壮大な艦隊を前にして、依然としてアグリッパに指揮されているオクタヴィアヌスの艦隊は六百隻に達したであろう。

　戦闘経過は戦闘形態という問題を提起する。実際、プルタークおよびディオン・カシウスの記述[19]を検討すると、ナウロクスの戦いの裏返しの再現という印象を受ける。小形軽量船で形成されたオクタヴィアヌスの艦隊はエジプトの巨船を悩ませたであろう。柳の船板に守られて、数隻の小形船が一隻の巨船に近づき、火を放ち、あるいは上って乗り移る。そこで、現代の歴史家のあいだに、アクチオンの戦いと英領海域でおこなわれた無敵艦隊《グランド・アルマダ》対ホーキンズ・ドレイクの海の犬の戦いと対比しようとする習慣的な考えが生れる。[20] 上述の資料に信用を置いて、人びとは、オクタヴィアヌスはセクストスに勝ったときから「ユリウスの港」で建造された艦隊を捨て、小形船から成る新艦隊をそなえた、と結論し、ローマ帝国艦隊で大きな役割を果す快速船を前面に押し出している。このいわば伝統的な説（古代の著述家は快速船について語っていないということは別として）に対して、最初にW・ターンによって提唱された別の説があり、これは、オクタヴィアヌスの艦隊はナウロクスの勝利をもたらした艦隊と同一であると考える。この説は、紀元後二世紀の概要史を書いた史家フロルスの文章の一行をとくに根拠としている。彼は、オクタヴィアヌスの船は二段櫂船から「六の船」に及んだと述べているのである。このことから、古典の記述には偏りがあり、戦いは普通述べられているような紛糾事情はもたなかった、という考えかたが生れた。実際、問題とは何の関係もない快速船を除去してみると、フロルスの言明とプルタークの記述の間には大した矛盾はない。なぜなら、「五の船」と「六の船」の違い及び「九の船」と「十の船」の違いは、「六の船」と三段櫂船の違いとまさにほとんど同じであるから。オクタヴィアヌスの艦隊は間違いなくアントニウスの艦隊より小さい船で構成されている。会戦自体の研究は会戦のもたらした結果に比べればほとんど重要性をもたない。いずれにせよ、伝承を信ずるなら、会戦の結果はアグリッパの海洋上の才能によりもクレオパトラの遁走に支配されている。[21]

「広大な海洋全体を、ガレー船が逃げていった」のである。

こうして、二度までも、ローマ世界の運命は海上で定められた。この事実の教訓を、アウグストスは忘れないはずである。

第七章　ローマ帝国の艦隊

海賊の冒険、セクストス・ポンペイウスの冒険、そして最後に、オクタヴィアヌスとアントニウスとの戦いの最後の幕は、海に対するローマの態度の転換を告げる。勝利者は、海岸と海上通路を等しく非常に厳重に監督し、ローマ世界のさまざまの地域の間の自由な経済関係を確保し、何よりもまず、ローマの住民に対して補給を、したがって平穏を確保することが絶対に必要であることを理解した。そのためには、同盟国の地位にある海洋都市にも、必要によって造られる艦隊にも、もはや依存すべきではなかった。ところで、東方の大艦隊は、ローマの勝利の結果、姿を消していたので、ローマとしては、ローマの歴史の中で初めて、強力にしてよく組織された常備艦隊を、安全で戦略的に良い位置を占めている基地港を基地として持っている常備艦隊を創る必要に迫られた。

1　帝国の「艦隊《クラシス》」

オクタヴィアヌスによる最初の艦隊は、アクチオンの会戦後、間もなく創られた。それは、フレジュスすなわち「フォルム・イウイリ」（ユリウスの広場）の艦隊であって、勝者の手に渡ったアントニウスの艦隊の一部を吸収したようにみえる。艦隊の役割は、リグリア湾（原名シヌス・リグスティクスで、今日のジェノヴァ湾）とガリア湾（原名シヌス・ガリクスで、今日のライオン湾）の岸を監視し、自然条件に恵まれている地方に海賊行為が再燃するのを防ぐということであった。さらにまた、艦隊は、イタリア半島とイベリア半島を結びつける戦略的であると同時に経済的である通路の安全を確保した。艦隊の基地は、新しく造られた都市で保護された運河によって海とつながっている潟を活用してできた半ば人工的な良港をもっていた(1)。このフレジュスの艦隊は実際のところよく分っていない。この艦隊がかなり早く姿を消したために、また、前七〇年にヴェスパシアヌスが内戦で勝利をおさめた後までも存続したようにはみえないので、なおのことそうである。

反対に、イタリアの、すなわちミセナとラヴェンナにあるアウグストスの二つの基地の運命は、その建設年代が正確に分っていないにもかかわらず、はるかに大きなものであった。アドリア海の北西岸、ポー河の河口に位置するラヴェンナは、人工軍事湖のまわりに艦隊に依存して生活する一角ができ上るのを見た。その一角は艦隊の名をとってクラシス（軍）と呼ばれた。とはいえ、ラヴェンナの町も港もそのことによって平原の出口としての経済上の役割を失うことはなかった。イリリア〔バルカン半島北西部の山岳地域〕の海岸に面して位置するラヴェンナ艦隊の本質的使命は、アドリア海とイオニア海に平和を確保することにあった。反対に、ミセナは岬の南岸（ミセナの名は岬の名に由来する）、ナポリ湾の北に位置する軍事専用の港である。風の来ない天然の良湖をもち、それが広い湾とつながっているので、ミセナは良き海軍基地としての要件をすべてそなえていた。そしてまた、ラヴェンナはその位置のおかげでイタリアの全海岸、メッサナの諸島と海峡を支配することができ、ローマと皇帝の居住地に近いことから、君主のローマ政策の道具となることができた。「クラシス・プレトリエ」（プレトリアの艦隊）という形容を説明するのは、たぶん、この両艦隊によって果されたイタリアでの役割である。この形容が両艦隊に与えられたのはいつであるか、われわれは正確には知らないが（たぶん一世紀末または二世紀初頭であろう）、形容自体は銘文によって確証されている。この威厳ある形容は、ある意味では両艦隊を皇帝の護衛隊、有名な親衛隊《プレトリア》と同一視しているのであった。

母港のほかに、これらの艦隊はある数の要港《スタチオ》をもっていた。港湾用語としては、要港は質の劣った港であって、船はそこに接岸はできるが冬季碇泊はできない。軍事用語としては、要港は分遣隊がとどまる場所、ついでそのことから分遣隊そのものとなる。軍事上の艦隊の場合には、この用語の意味するところは第二の場合である。したがって、親衛隊艦隊の要港《スタチオ》とは、母港から多少なりとも離れている港を常時基地とする数隻の船から成る分遣隊のことである。そんな次第で、ミセナの艦隊はティレニア海岸に、すなわちたぶんプゾレスとオスティアに、そして確実にアンチオンとセントムセラエ

（チヴィタヴェキア）に、またサルジニアの海岸のカラリス（カグリアリ）に一連の要港《スタチオ》をもっていたようにみえる。さらにまた、ミセナの艦隊はウェラを操縦するための檣楼員の分遣隊をローマにもっていた。ウエラというのは、舞台や円形劇場で観客を光の熱からまもるために上に張る幕のことである。

これらの主要な二つの艦隊のかたわらで、威厳において劣る一連の地方艦隊が徐々に創られた。まず第一にアレクサンドリア艦隊。これはプトレマイオス家の艦隊の貧弱な継承者であり、たぶんアウグストスによって創設されたもので、ナイル河の公安を担当する河艦隊に結合されることとなる。次に、シリア艦隊。その母港は、アンティオキアの外港、ピエリアのセレウコス港であった。これまたたぶんアウグストスの創設によるもので、小アジアの南部海域とシリア＝パレスチナ海岸における平和と航行の自由を確保する役目を帯びていた。他方、少なくともローマ帝国の初期においてエーゲ海の公安がアジアのギリシア人都市および島々の存続小艦隊によって確保された、というのはありそうなことである。地中海に存在した最後の艦隊は黒海の艦隊「クラシス・ポンティカ」であり、これは、ネロ帝が、併合したばかりの小国、ポントス王国の艦隊に代わるものとして設けたものである。その母港はポロポンティス海（マルマラ海）のアジア側海岸に位置する大港キジクスであったが、黒海にもまたいくつかの、とりわけトラペズスに基地をもっていた。最後に、孤立した一銘文は、マルクス・アウレリウス帝の時代にリビア艦隊が建設されたことをわれわれに教える。しかし、その基地がどこにあったか、存続期間がどれくらいであったかについて、われわれは知らない。反対に、西アフリ

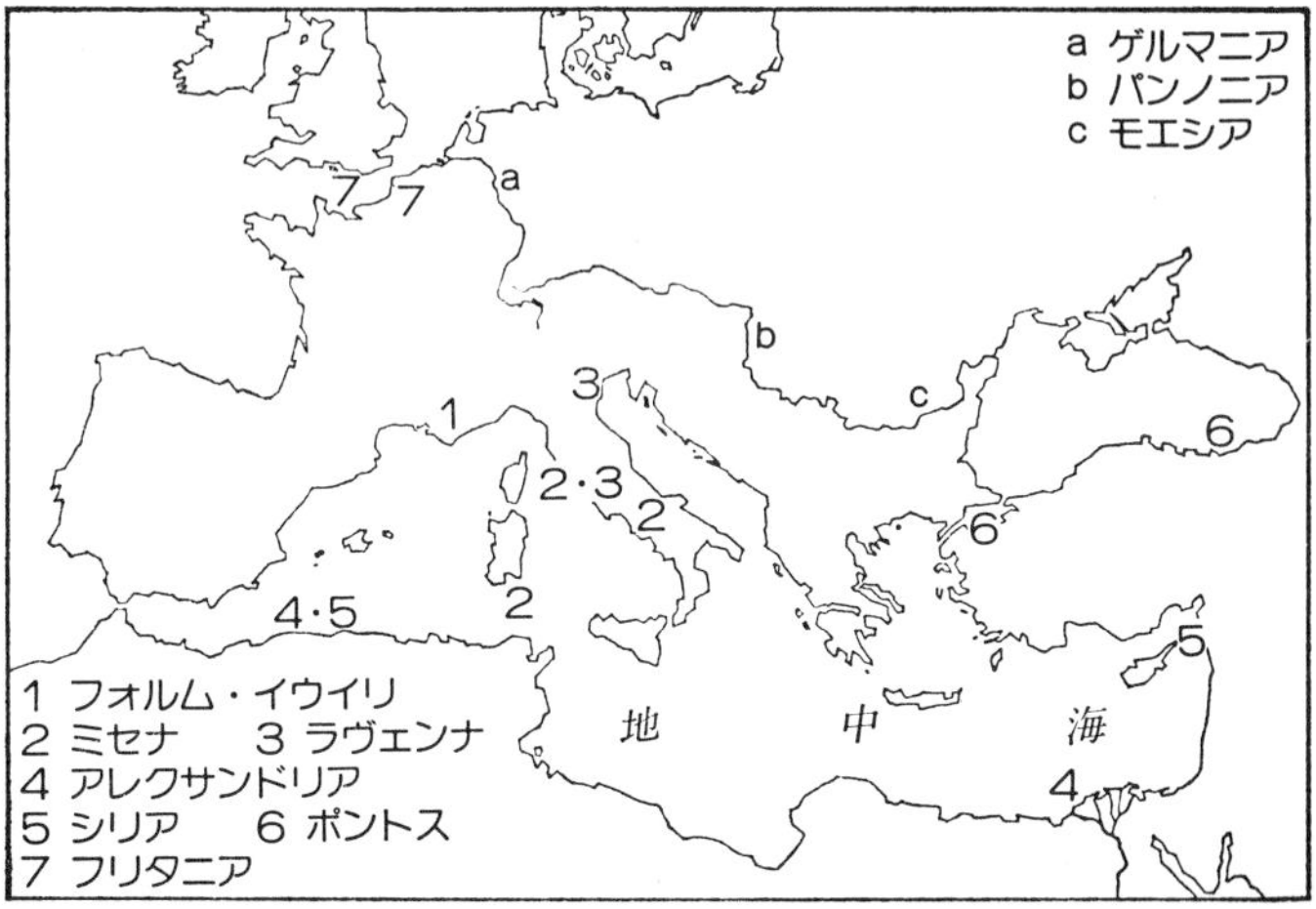

図18　艦隊とその基地図（数字は海洋艦隊を，ローマ字は河川艦隊を示す）

カの海域では、モリタニア海岸を監視するためにモリタニア（シェルシェル）諸王の古代の都イオルに当るカエサレアに、いわゆる艦隊《クラシス》ではなくて「ウエシフシオ」すなわち分遣隊《スタチオ》があった。それは比較的近いイタリア艦隊からではなく、東方艦隊から出て来た。アレクサンドリア艦隊とシリア艦隊から出たこの分遣隊は、良港をもっていた。港は、突堤によって陸地につながる小さな島を起点として海に張りだして作られていた。

だれでも分るように、地中海海岸のいかなる地点も、その付属地点も、艦隊あるいは海軍分遣隊の行動範囲を外れていなかった。しかし、北方に向ってのローマ支配の拡大、ブリタニアの征服、ゲルマン世界に対する境界守護は、新たな艦隊の建造を促した。この新たな艦隊は正直のところわれわれにはよく分っていない。カエサルの上陸艦隊の継承者であるブリタニア艦隊はカリグラ帝によって創設され、クラウディウス帝のときから整備された。その基地は大陸のゲソリアコム（今日のブーローニュ・シュル・メール）にあったが、ほかにブリタニア自体の中に多数の寄港地《スタチオ》をもっていた。ゲルマニアの方面については、常設艦隊の存在をわれわれは知らない。われわれは、せいぜい、幾度か、ドルススとかゲルマニクスとかのローマの指導者が北方の海の岸ぞいに遠征隊を派遣するために建造または徴発によって大艦隊を作っているのを見るくらいのものである。古ライン河の涸れ支流の一つで完全な状態で船が発見されたことによって、この問題は再検討を要するというふうに一時考えられたこともあるが、結局のところそれは河運搬用の大形船であった。(2) この方面でわれわれの知っているものは河の艦隊である。すなわちライン河のゲルマニア艦隊、ドナウ河中流のパンノニア艦隊、ドナウ河下流のモエシア艦隊である。それにまた、この最後のものはポントス艦隊と提携して黒海の北部沿岸の治安をもまた確保していたということを知らねばならない。北部の海に関してゲルマニア艦隊はたぶん同じ立場にあった。末期ローマ帝国の時代になると、われわれは他の組織された艦隊や小艦隊を知らない。とりわけ、大洋のイベリア側沿岸とガリア側沿岸に海軍基地があったようには見えない。

2　船

主として貨幣に施されたいくつかの図像にもかかわらず、また、とりわけ近衛艦隊に関する銘文にもかかわらず、帝国艦隊の編成を知るのはまことにむずかしい。近衛艦隊は大形船を含んでいる。ミセナ艦隊が、提督の艦となる、そしてたぶん皇帝の艦となる「六の船」を一隻もっていたことを、われわれは知っている。近衛艦隊の本質的部分は「四の船」と三段櫂船で形成され、これに「五の船」と小形船が加わっている。「五の船」から三段櫂船までは、船は船尾に位置する塔をそなえている。図像によれば、これらの船は建造様式はギリシア時代のものと似ているとはいえ、ギリシア時代のものより安定性が高いようにみえる。実際、それらの船は船のサイズに比べて幅が広く、水線からの高さが低い。海戦の習慣を失っていらい、それらの船は古代の軍船を有名にさせていたものをもまた失った。たしかに、船は相かわらず衝角をもっている。しかし、古典的海戦はもはや存在しないので、衝角はもっぱら装飾的要素となったのである。それにまた、装飾は過去におけるよりは遥かに大きな役割をおびている。船尾と船首の装飾は非常に発達し、船室が、軍船の場合も商船の場合も船尾にあらわれるのである。しかし、これらの古典的な船のかたわらで、新しい要素がローマの海運に発展した。その要素とは快走船のことである。

快走船 liburne の名は、海賊事業で有名になり紀元前二世紀末にローマに制圧されたイリリアの一民族に由来する。はじめ、それは一段または二段の漕手を備えた小形の速い船であったにちがいない。しかし、ローマの快走船は古代リブリア人 liburiens の船とは名前以外に共通するものをほとんどもたなかったようにみえる。知り得るかぎりでは、それは二段櫂の船である。なぜなら、銘文にみられるそれの対等物は数字のⅡであり、それはちょうど数字のVが「五の船」の対等物であるのと同様であるから。それにまた、「五の船」が同じ銘文に示されている。これらの船はすべて、古典的な操舵法と櫂の組織を保持した。少なくとも、三段櫂船と二段櫂船の場合にそうであった。「四の船」と「五の船」の場合には、人びとはポエニ戦役初期の技術に、すなわち四人または五人の漕手で動かす重い櫂に、達していたようにみえる。他方、皇帝の軍船は装甲船であるようにみえる。そして、漕手を守る上部甲板の全面にそって、乗船した兵士の盾《たて》が配置され、この盾は補助的な保護機能を確保している。

櫂のほかに、大半のローマの軍船は帆柱装置をそなえている。これには、貨幣、記念物、あるいは発見された縮小模型にみられるように、二つのタイプがある。一方に、四角い広い方形帆をそなえて、船の中央部によせて立てた大きなマストがある。他方に、これより小さい方形帆をそなえて、著しく傾斜している前部マストがある。これらのマストは取外し可能のものであり、したがって船はマストなしで、あるいは一本のマストを外して、姿をみせるということができる。そんな次第で、われわれはマストのない船、中央マストだけをそなえている船、船首マストだけの船の図を知っている。ただし、これらの船が同一の船であるのか、あるいは別々の船であるのかは、分らない。他方、有名なポンペイの画(3)のような、ある絵画の図の場合は、どの程度まで画家が実際の船を描いたか、あるいは己れの知っているものを多少とも空想まじりで解釈するという方向に流されなかったか、という問いを、われわれは出すことができる。

しかし、皇帝の海軍の研究に関する大きな困難の一つは用語の混乱ということにある。だから、快走船の名は、たぶん、「長い船」nauis longa というような、ほとんど特徴のない用語となるに至り、単に軍船ということだけを指すために用いられた。

3 人員

皇帝の艦隊の人員構成は埋葬碑文、発見された艦隊関係碑文、およびいくつかの文学上のテキストのおかげで、艦隊について最もよく知られている部門である。

A 指揮

近衛艦隊の頂点に騎馬部隊から生れた二つの役職者、すなわち艦隊長官がある。したがって彼らは少しも本職の船乗りではなく、彼らにとって艦隊長官職は行政職の一段階にすぎない。彼らがその前に経験するものとしては、軍事上の職務では三つの国民軍のつとめ、すなわち通常は騎馬軍人への道を開く三年間の兵役だけであることが多かった。そんな次第で、たとえば、P・コミニウス・クレメンスという男が、純粋に財政上の職務から二世紀にラヴェンナ艦隊の長官に、ついでミセナ艦隊の長官に任命された(4)。行政上の序列では、艦隊長官職は頂点にあるローマの騎馬部隊大長官（夜警と糧食を担当）とエジプトの騎馬部隊大長官および近衛部隊長官のすぐ下に位置している。海軍長官職に関して起る問題は、それが財政上のいかなる段階に位置しているかということである。たしかに、序列的にいえば、ミセナの長官はラヴェンナの長官より上にある。なぜなら、長官は後者から前者に移るのだから。しかし、二人の長官は、H・G・フロームがいうように、同一給与を、すなわち二百人司令官の給与（二十万セステルセ）を受けるのだろうか。あるいは、Ch・G・スタールが主張したがるように、ミセナの長官は三百人司令官の第一順位（三十万セステルセ）にあるのだろうか(5)（セステルセは古代ローマの貨幣単位およびその銀貨。一枚は約一・五グラムに相当）。この二つの見解について一刀両断の解決をすることは事実上不可能である。先行する経歴からすれば、長官の職は何よりも行政上、財政上、および司法上の職務であり、長官は専門の士官・下士官で構成された参謀部よりは彼の「オフィシウム」すなわち行政事務局とその職務を分担しあうというのは明らかである。少なくともネロ帝以降、艦隊長官は「シュブプラフェクトス」すなわち騎馬部隊の入隊初期のメンバーの中から選ばれた副長官によって補佐されている。

長官の海洋に関する無能力を補うものとして、艦隊司令官すなわち艦隊幹部出身の専門家「ナウアルクス」（艦長）があり、その上に艦隊全部の技術上の指揮をとるはずの「ナウアルクス・プリンセプス」（主艦隊司令官）がいる。二人の艦隊司令官の下に、「三段櫂船司令官」がいる。彼は当初は三段櫂船の司令官であったのだが、その名称は徐々にいかなる艦隊にせよ艦隊を指揮する者を指す用語として使われるようになった。三段櫂船司令官は百人隊を伴っている。単位部隊が百人となっているからである。それは、一人の士官の指揮する部隊の中の最小の部隊である。これらの百人隊は「クラシアリイ」（海兵）が陸上にいるときはこれを指揮していたはずである。一方、海兵は自分たちの下に、陸軍の場合と似た一連の下士官を伴っていた。同様に、三段櫂船司令官の指揮下に、数人の下っ端の士官と下士官がいた。「グベルナトル」（首席水先案内人）、「プロレテ」（船首係、次席水先案内人）、「ケレウスト」（艤装長）などがそれである。そのほかに、各船は数人の専門家をもっていた。檣楼員、大工、舵手、医師……などである。

近衛艦隊以外の艦隊は、大形船をもたないということで近衛艦隊とちがっていた。その頂点にいるのは皇帝に直属する長官ではなく、州知事に属する新米のみすぼらしい「六十給官」（給与60×1000＝六万セステルセ）であった。ブリタニア艦隊とゲルマニア艦隊の長官だけが、その最高に重たい責任のゆえをもって、「百給官」（給与100×1000＝十万セステルセ）にかぞえられていた。シェルシェルの艦隊を形成していた分遣隊はどうかといえば、それはすべての軍事部隊と同じように「プレポシトス」すなわちこれまた騎馬部隊を受けもつ者の指揮下にあった。残余の艦隊はどうかといえば、それらの間に違いはなかった。ただし、ナイルの河艦隊は別として河川艦隊は、櫂を好んで用い、乗組員に専門家を含んでいなかったにちがいない小形船を使っていた。

B　漕手隊

ガレー船の漕手隊はケレウスタ（士官）の直接指揮下に置かれ、「クラシアリ」と呼ばれる艦隊兵士で構成されている。艦隊が海上で活動していないときは、これらの兵士は基地と駐留地で兵舎に収容され、彼らの中の一部は専門家の指揮の下に兵器廠で船の維持管理に従事する。これらの海兵は帝国の軍事序列では最下位にあり、彼らのすぐ上には補助部隊の兵士がいる。そんな次第で、補助部隊の勤務年限が二十五年であるのに対して彼らはもっと長い二十六年であり、そのくせ給与のほうは反対に最低である。艦隊勤務は陸軍勤務よりずっと辛いということ、艦隊の葬儀碑文の資料から引き出してみるならクラシアリの中のわずかの者だけが「ホネスタ・ミシオ」の年齢すなわち除隊年齢に達したということも、付け加えておかねばならない。船乗りはまた、その社会的地位のゆえに軍の残余のものよりも下にある。彼らは居留外国人、すなわちローマに服従した民族、解放された居留外国人であり、時としては（非常に稀なことだが）奴隷でさえある。軍籍登録のさい、彼らはたぶんラテン市民権を与えられる。同時に、それらの解放奴隷のそれぞれに、二つ折り青銅板に鋳型で記された解放法令の要約が渡される。これは、軍事資格証明書と呼ばれる。ミセナ艦隊の募兵に関するエジプト出土の書簡のおかげで、彼らが徴募されるさいに彼らが艦にふりあてられたこと、彼らが本来の自分の名を捨ててそのかわりに典型的ローマ名を採ったことをわれわれは知っている。時には、軍事上の必要の結果として、あるいは報酬のしるしとして、海兵が軍団に勤務する名誉を与えられるということもあった（それゆえに、二つの軍団、すなわち初期には海兵の中から徴募した者から成る補助的軍団が創設された）。この名誉は、自動的にローマ市民権、勤務期間の短縮、昇給、よりよい処遇をもたらすのである。

海兵の出身民族は何であったか。保存されている近衛艦隊用碑文、すなわち、多少ともしっかりした結論を出し得るほど豊富に情報の残っているものとしては唯一のものである近衛艦隊の碑文。この碑文から確かめ得るところによれば、アジアの諸属州およびエジプトから来ている徴募兵は全体のほぼ三分の一を占めていることが分る。ついで、バルカン半島出身のものがほぼ三分の一、西方諸属州出身のものがほぼ五分の一を占めている。一方、当然のことだが、バルカンの役割はミセナ艦隊に対してよりもラヴェンナ艦隊のほうに対して大きかったようにみえる。他の諸艦隊に関しては、その募兵についてわれわれは何も知らない。せいぜい仮説的にいい得ることは、地方ごとに募兵を好んでおこなったということである。なぜなら、アレクサンドリア艦隊にナイル流域住民を動員したことを示すいくつかのエジプトのパピルスから、そのことを帰納できるから。

初期ローマ帝国を通じて海兵が知った唯一の変化は彼らの地位である。ただし、それは彼らだけのものではなく、非ローマ市民であるすべての帝国住民に及んだのであった。変化をもたらしたものは、帝国のすべての自由住民に対してローマ市民権を与えた有名なカラカラ帝の勅令「アントニヌス憲章」であったのである。

4　艦隊の機能

近衛艦隊と他の艦隊との区別を、われわれはしなくてはならない。たしかに、もともとはイタリア艦隊は、イタリアへ向う航路の安全および半島の海岸とチレニア諸島の海岸の安全を確保することを役割としていた。しかし、パックス・ロマーナ（ローマの平和）の維持とともに、この機能の重要性はいよいよ小さくなっていった。艦隊は、六八年—六九年における補助艦隊の出現を見た四皇帝の年の内戦には大いなる役割を演じるだろうと考えたくなるのだが、そのような役割は何もなかった。せいぜい、ミセナ艦隊がリグリア湾でオト〔六九年一月から四月までローマ皇帝〕のためにオトの陸軍を支援することに作戦行動するのが、見られただけであった。かくして、艦隊の果した軍事上の唯一の役割は部隊輸送に同行すること、および海岸線における若干の警備作戦であった、といってよろしい。一方、艦隊は皇帝に対して特殊軍団のほかに陸上戦闘員を供給した。しかし、艦隊はとくに、公の人間、すなわち、皇帝または皇帝の家族、知事などが地方へ出かけるときまたはそこから帰るときに、その輸送に役立った。この役割は非常に重要であった。それは容易に説明がつく。公の人間は護衛がつくことによって威信が高まる。海上旅行は陸上旅行よりも疲労が少ない。その旅行は、商船で沖海を旅するよりも確実である。よく装備された港に頻繁に寄ることができるから。

河の艦隊と北海の艦隊については、ことは全く同じというわけではない。なぜなら、ナイル河の艦隊は別として、そこは初期ローマ帝国の間じゅう戦争状態が恒常的であった地方であったから。しかし、これらの地方の船が実施する作戦行動は、第一次ポエニ戦役の戦いや第二次三頭政治の戦いのような大規模海上作戦とは無縁のものであった。それは、なおも部隊輸送と補給のためのものであり、八三年におけるアグリコラのカレドニア(スコットランド)に対する有名な出兵のさいに地上作戦に与えられたような、海上からの支援のためのものであった。アグリコラの出兵における海上からの支援は、彼の女婿タキトスがアグリコラのために書いた伝記の中に述べられている。

5 軍事艦隊の終焉

セウェルス帝の時代、艦隊は正常に組織されている。そのあとの混乱期にあっては、艦隊の行動がいかなるものであったかは、われわれに分らない。一方に、海賊の再出現が見られ、それに伴って海軍総督の権限のもとに置かれた古い海岸防衛組織の再出現が見られる。他方、二五六年、二六七年、二六九年に蛮族がほとんど自由に東地中海と黒海で活動しているのを見るとき、とくに、プロブス帝の時代（二七六―二八二）にフランク族の一派がトラキアの船を奪い、帝国の全海岸を走り、ジブラルタル海峡を全く自由に渡ったのち、ライン河口の本拠地に戻っているのを見るとき、軍事艦隊はどうなったのかと、問わざるを得ない。明白な結論は、ローマの艦隊の大半は消滅した、ということである。ローマの艦隊は、末期帝国の大改革者たち、すなわちディオクレティアヌス帝とコンスタンチヌス帝によって再興されたであろうか。この問題は、歴史家を互いに対立させるところのものである。

A 四分統治と内戦

われわれとしては、もちろん、二八四年におけるディオクレティアヌスの権力掌握のときから、三二四年におけるコンスタンチヌスのリキニウスに対する最終的勝利のときに至る時期に起きた事件が提起する海上の問題から検討しなくてはならない。この時期に、われわれは英仏海峡と北海に起きていることと、地中海に起きていることを区別しなくてはならない。

ディオクレティアヌスの登位につづいて、ブルトン帝国の創設がある。ブルトン帝国はカラシウスと称せられる者の指揮下にあり、ついでその後継者アレクトゥスの指揮下に置かれた。この帝国に対抗して四分統治は失敗する。はじめは艦隊の不足のゆえに、ついでまた、より緊急な課題が皇帝の配慮を要求したゆえである。こうして、ブルトン帝国は発展する。それは、著述家たちがその長に与えている海賊長という称号が思わせるように、海洋帝国である。その長は、ブリタニア自体の中に、また大陸の上にもかずかずの良港をもっていた。なぜなら、彼はゲソリアクムを奪い、北海の海岸を支配していたから。彼のコインは、彼が海軍建設のために一大努力をしたこと、彼の船が相かわらず櫂船であったものの地中海の伝統的軍船とは違っていたこと、を示している。この海軍強国を倒すことはコンスタンティウス一世(クロルス)に運命づけられるが、彼は海軍に関する非常に大きな努力ののち、やっとそれを達成した。彼がセーヌ河口で、ついで、ブーローニュが四分統治下にはいるとその地で、強力な輸送艦隊と軍船を完全に建造したことを、われわれは知っている。しかし戦いはいささかの海戦もなしにおこなわれた。なぜなら、霧のおかげで、皇帝の艦隊は、これを狙う敵艦隊を避けることができたからである。勝者の手に落ちた、カラシウスの努力の結晶である海運と船のうち、何が残ったか。それは分らない。その後、この艦隊について語られることはなくなる。たぶん、この艦隊は、海岸地区司令官の指揮下にある英仏海峡と北海のいろいろの港で小艦隊となって分散したのである。その一つの残存物が『偉大事物誌』Notitia dignatum に記されたサンブリカ艦隊であるかもしれない。『偉大事物誌』は、帝国の行政事情をわれわれに伝える、四世紀末から五世紀始めにかけての興味ぶかい、しかし非常に議論の多い著作物である。(6)

地中海においては、ミセナ艦隊はその無力さにもかかわらず、三世紀の混乱の時代を通りすぎることができた、ということをわれわれは知っている。同艦隊はたぶんディオクレティアヌス帝によって再編され、ついで、簒奪者マクセンティウスの権限下に移り、コンスタンチヌスとの戦いに加わった。しかし、コンスタンチヌスの船(たぶん南ガリアの港、アルルとマルセーユで建造された)がイタリアの諸港を奪うのを阻止することはできなかった。

この戦役のあと、少なくとも後世の史家ゾシモスの証言によれば、真の海戦は三二四年にコンスタンチヌスとリキニウスをプロポンティス海(マルマラ海)と海峡で対決させた海戦であった。一方のリキニウスはオリエントとアフリカの諸州から差出された二百六十隻の三段櫂船をもっていたようである。他方のコンスタンチヌスはピレウス港で二百隻の「三十の船」を装備したようである。最後の戦いでは、ヘレスポントの海(ダーダネルス海峡)で、コンスタンチヌスの八十隻の船と敵の二百隻が対決し、八十隻のほうが勝ったようである。すぐ分るように、リキニウスの三段櫂船とコンスタンチヌスの「三十の船」が違っていると述べている資料は何ひとつないので(用語はもはや的確な意味をもっていない)、船はふたたび小形船である。他方、ゾシモスの物語は大いにヘロドトスから想を得ているので、このことによって内容は疑わしい。結局われわれがいい得ることは、海戦があった、ということだけである。

B　四世紀における軍船

『偉大事物誌』は、magister militum praesentalium a parte peditum《マギステル・ミリトゥム・プラエセンタリウム・ア・パルテ・ペディトゥム》 すなわち西方歩兵隊総大将の指揮下にある軍司令官の中に三人の海軍プラフェティ（指揮官）を挙げている。すなわち、ミセナ艦隊、ラヴェンナ艦隊（都市防衛の任務をもつ）、アキレウスのヴェネティ族艦隊の指揮官である。したがって、四世紀末と五世紀初めにおいて地中海艦隊が残存していたと考えてよい。残念なことに、テオドシウス帝の治世中、マクシムスによって西方簒奪がなされたころのアキレウスの艦隊の場合を別とすれば、地中海艦隊について語られることは決してない。他方、ある著述家たちは、テオドシウス帝の法典に記されている二つの艦隊《クラシス》の中に軍事艦隊を認めようとした。二つの艦隊とは、アンティオキアとセレウコスとの間を流れるオロンテス河を掃除するという任務を三六九―三七〇年に課されたセレウコス艦隊と、四九〇年にコンスタンチノポリスの補給に加わるように求められたカルパティカ艦隊（カルパトス島の）である。『偉大事物誌』の記載は、他のテキストが沈黙しているために承認しがたい。それは古代の機能を失った称号の残存であるかもしれない。都市専任行政官となったようにみえるラヴェンナ艦隊の長官の場合がこれである。テオドシウス法典の記載のほうはどうかといえば、これはフランス語の flotte《フロット》〔船隊、艦隊、海軍などの意をもつ〕という語の曖昧さに似た classis《クラシス》 という語の曖昧さに由来する。われわれがある港のフロットについて語るのと同じように、問題の二つの場合には、示された都市に母港をもつ船をさしている。(7) そのことは、地中海がこの世紀のあいだ海軍作戦を知らなかったということを意味するわけではない。ただ、作戦は、海戦そのものの作戦であるよりは、はるかにつよく、徴発した貨物船を用いて部隊を輸送するという作戦である。たしかにユリウスがコンスタンティウス賞讃文の中で述べているところを読むと、海戦の印象を受ける。その印象は、対ギリシア戦におけるクセルクセスの出兵と比較(非常に古典的な)していることによって、強められる。しかし、くだんの文章を仔細に検討するならば、これまた輸送のみに関するものであることが分る。同様に、五世紀の初め、ヘラクリアヌスによるアフリカの叛乱が四一三年に三千七百隻の船から成る艦隊でイタリアを奪取しようとするとき、船は輸送船であるにすぎない。その上、空想的である可能性のつよいこの数字を受けいれるなら、小形船の輸送船である。

しかし、軍船の消滅をよく示すものは、帝国末期に、ローマ史の初期と同じように、海から来る侵略者(東方地域から来る反イタリアの脅威であれ、アフリカから来る蛮族の侵略であれ)に対する海岸防衛が海岸だけからおこなわれている、ということである。海上で侵略者と対決するということはもはや問題にならず、侵略者が上陸したさいにこれを押しかえすということが問題となっているのである。(8)

ブリタニア艦隊の事情はこれまた曖昧である。すでに見たように、それはブリタニア征服のさいに重要な役割を果しているが、そのあとはもう語られていない。『偉大事物誌』のいうサンブリカ艦隊またはサマリカ艦隊がその後継者であるとするなら、そして、それをソンム河口のクロトワに位置づけるべきであるとするなら、まさにわれわれとしては、その艦隊が行動していることは決してないといわねばならない。そして、四世紀のブリタニアにおけるほとんど恒常的な介入はほとんど輸送船をしか動員していないといわねばならない。ローマが軍事大名すなわち「ブリタニアにおけるサクソン海岸の大名[9]」の指揮下にある海岸防衛に頼ったにもかかわらず、五世紀にサクソン族の集団がこの国を容易に征服できたということの理由の一つは、たぶん右のような事情にある。

C　末期ローマ帝国における河川艦隊

海洋艦隊とは逆に、末期ローマ帝国における河川艦隊は数が多く、比較的よく文献によってわれわれに知られている。それは、西方では、ライン河、ローヌ河、ドナウ河に、また同じようにセーヌ河とコーモ湖に、常備されたものとして、見られ、東方では、ユリアヌスの不運な対ペルシア出兵のさいにユーフラテス河に見られる。

戦役上の必要から建造されたこの艦隊は、歴史家アンミアヌス・マルセリヌスの証言によれば、五十隻の戦艦（bellatrices《ベラトリセス》それがどんなものであるかをわれわれは知らない）補給と戦争用機器を載せた一千隻の輸送船、さらにその上、甲板製造の任務をもつある数の船から成っていたようである。この大きな河艦隊は恒常的に二万人を使った。それゆえに、ユリアヌスは戦闘員を取りもどすために艦隊を焼き払ったのである。いいかえれば、これは前例もなく持続もない一時的な艦隊である。したがって、この艦隊を除外するならば、他の艦隊は種々の資料によって、とりわけ『偉大事物誌』によって、われわれに分っている。かくして、十五の艦隊あるいは小艦隊があったこと、これらが州の長である指揮官の責任の下に置かれ、ドナウ河とその支流に配置されていたこと、艦隊自身はそれぞれの司令長官 praefecti《プラエフエクティ》 をもっていたことを、われわれは知っている。帝国初期に比べると細分化となっているこの状況は、ドナウ河の境界に当時見られた恒常的な混乱の結果であったにちがいない。『偉大事物誌』に出ていないゲルマニア艦隊はどうかといえば、これはユリアヌスの対ゲルマン族戦の物語によってわれわれに分っている。それらの艦隊全部に関する文献は、艦隊が四世紀にきびしい試練に立たされたこと、ユリアヌスがゲルマニア軍のために新しい船を建造しなければならなかったこと、ドナウ河の艦隊がこの地域を襲ったゴート族の侵略で半ば破壊されたのち、四世紀末に再建されたこと、を示している。セーヌ河の艦隊はどうかといえば、これはコーモ湖の艦隊と同じように、ほとんど『偉大事物誌』の記述によってしか、われわれに分っていない。最後に、ソーヌ河とローヌ河の艦隊のほうは、『偉大事物誌』によって、ウィーンとアルルに駐屯し、イヴェルドンの小船の小艦隊に支援される艦隊として、そして、両艦隊ともそれぞれ司令長官によって指揮されているものとして、われわれに示されている。そのような艦隊を、とくにわれわれは四世紀初めに見る。コンスタンチヌスは、三一〇年、まさにこのような艦隊に乗り、軍を引きつれてローヌ河をくだり、義父マクシミアヌス・ヘルクリウスの裏切りを打倒する戦いに向ったのである。(10)

これらの艦隊を構成していた船はどんなものであったか。『偉大事物誌』はそれらの船に関連してしばしば barcae《バルカエ》 すなわち小船について語っていっている。これは大形船を想わせるものではない。

他の文献は lusoriae naues《ルソリアエ・ナウエス》について（このことばはかなり曖昧だが、しばしば vedette＝小艇＝というフランス語に訳されている）、lynters《リンテルス》〔小舟〕について、musculi《ムスクリ》〔小形通報艦〕について……語っている。これらは、小形漁船をさすのにもまた使われることばである。したがってわれわれは、それらの船はすべて櫂で走る小形船でしかなかったと結論することができる。

D　著者名のない戦争図絵　De rebus bellicis《デ・レブス・ベリキス》

ローマ帝国の軍船についての研究を、四世紀中葉の作とみなされている興味ぶかい文献 De rebus《デ・レブス・》 bellicis《ベリキス》（戦争図絵）に触れないで終るわけには行かない。実際、きわめて器用であるその著者は、海軍の問題と彼の提案する答えに熱中し、当時の海軍が直面した困難がいかなるものであったか、大艦隊の消滅はいかなる理由によるものであったか、をわれわれに示す。人員不足が根本問題だったのである。この欠陥を繕うために、もはや航行を人力に依存しない戦争専用の快走船の建造を、着想者は提案する。実際、快走船の動力は牡牛によって与えられるというのであり、かなり入りくんだ組合せ体系によって、船のあちこちに設けられた外輪車を動かすというのである。この船は（と彼は言う）その大きさと機械の強さによって非常に大きな力で戦いに臨むのであり、そのために、他のいかなる敵の快走船も対抗できない。残念ながら、ローマ帝国の場合、この立派な計画は、（それが実現可能のものであったとして）作者の他の数多い計画と同じように計画の段階にとどまった。(11)

第八章　ペルシア戦役以前の海洋貿易と海洋の拡大

教会神父の表現を借りるならば、海は神によって、人間を航海に向わせ、彼らに欠けている産物を探させるために作られた。したがって、軍船を研究したのち、商業上の航海と商船について研究するのは順当なことである。われわれはまた、古代の海洋交易を考察しなければならない。古代の海上交易は、互いに非常に離れている地域で、ある産物またはある文明形態が伝播していることから証明されている。たとえば、イベリア半島、アルモリーク〔ブルターニュの古名〕、コルヌアーユ〔ブルターニュ南部の古い州名〕の海岸に存する巨石文明の類似性を、どうして説明できようか。もし、当時の人間が、この地域の海洋の風の有利なメカニズムを利用して、これらの地域との海洋交通を実行することができなかったとするならば。残念ながら、今のところ、われわれは彼らの使った船について全く知らない。同じように、地中海の島々と半島がいかにして青銅器時代より前の文明の発達にあのように加わったのであろうか。もし、それらの島々と半島が、航海することを知らぬ人間にとって接近不能であったとするならば。たしかに、ことは自明の理である。しかし、船尾材舵の効果について意識がくもり、自明の理を忘れる傾きのある人々に対して、右のことがらを想い出させることはよいことである。帆と風の利用法をまだ知らない人間が、地中海、英仏海峡、北海で、岸に沿ってのみ、しかも櫂で動かす丸木舟で航行することができるようになったのは、やっと航海術が幼年期に達した新石器時代になってからなのである。(1)

1　古代エジプト

エジプトの船の建造についてながながと研究したので、いかに簡略であろうとも、この国のファラオ時代における商業上の航海に触れないですますわけにはゆかない。

非常に早くからこの国は外部の国々と接触している。このことは、アフリカの香料、レバノンの木材といった、エジプトで再発見された外国産物品によって、また、記念物と文字資料によって、証明されている。主たる航海は中継港に向って進められ、その中継港でエジプトの航海者はそこに集められた商品を入手するのである。本質的なものは二つの港、あるいは二つの地域であった。一方にフェニキア、とりわけビブロスがあり、他方にオポネすなわちプントの国があった。この国はグアルダフイ岬の地域すなわちソマリ海岸である可能性がつよい。フェニキア行きの航海はほぼ日常的な航海であった。ファラオとフェニキアの諸王との関係に由来する政治上の問題があってさえもそうであった。政治上の問題の一例は、前十一世紀におけるウエナモンの冒険がわれわれに示している(ウエナモンはテーベのアメン大祭司のためにタニスを出発し、まずビブロスで上陸を拒否され、ついでエジプトから差し出された資格証明書が到着するまで拘留されるのである)。プント国行きの航海は、事情がちがっていた。実際、紅海の航行は異例のものとみなされていた。したがって、それは定期的な航海ではなかった。必要が生じたときは、兵士を乗せた数隻の船を含むまぎれもない遠征隊が差し出されるのであった。今の段階でいい得るかぎりでは、ファラオは航海を独占していた。ソマリ行きの遠征隊の場合、船は、地中海から移されたのでないかぎり、紅海の北、今日のスエズの地域で建造された。しかし、産物をナイルの谷を経由して輸入することもできた。そのさいは、ナイル河畔の大港コプトスと紅海との間、もっと的確にいえばコプトスとコセイル地域との間の輸送路を介してである。このルートは、後代になると、前者のルートよりも整備された。フェニキア行き航海の場合、デルタ地帯の諸港、すなわちタニスまたはファロス港に君主の船が常駐していた(2)(ウエナモンはタニスの町の行政官の得た船に乗って、この港から出発している)。

使われた船はどんなものであったか。正確にそれを描くことはむずかしい。なぜなら、たとえば、われわれがすでに研究した、ハトシェプストによってプント国へ派遣された船は、コプトス経由で輸入されたプント産物を下エジプトに運ぶナイル河の船にほかならないということが、十分にあり得るからだ。かくして、エジプトの商船についてわれわれがもっている真に価値ある唯一の情報は、エジプト文学の最も有名な物語の中の一つ、蛇の島へ難破上陸した者の物語によって与えられている。語り手は言う。「私は、主君の命をおびて、長さ百二十肘尺《キユビット》、幅四十肘尺《キユビット》、乗組船員百二十名の船に乗って、鉱山に向ってくだりました」[3]〔一キュビットは約五十二センチ〕。船のトン数を算出することはできないとしても、ここに示された数値は、船がかなり大きかったことを示している。しかし、少なくとも地中海においては、エジプトはエジプトの港から出発する航海も、エジプトの港へ向う航海も独占していない。実際、エジプトの港には、東地中海のあらゆる海洋民族、すなわちフェニキア人、クレタ人、エーゲ人らの船が頻繁に来ていたのである。

2　フェニキア

フェニキア人はシリア海岸に沿う細い地帯を占めていた。彼らは、商人と海賊としての十分に確立された海洋上の名声(なぜなら古代においては二つの職業のあいだに区別はなかった)の記憶を、歴史に残した。彼らの港は、前十二世紀まではウガリトで、そのあとはビブロス、シドン、チロスとなるが、これらの港はそれぞれ小王国の首都である。しばしばわれわれは、それらの小王国の王を、ほとんど海にのみ依存して生きるヴェネチアやジェノヴァの総督に比べる。フェニキアが独立国であることをやめたとき、その港の活動と船乗り・商人としての名声は、やまなかった。フェニキアが、大西洋のモロッコ海岸に分住しただけに、なおのことそうであった。しかし、二つの問題がフェニキア海運の問題をむずかしくする(ここではフェニキア海運という表現に独立の終るときまでという狭い編年的な意味を与える)。第一の問題は、形の永続性に関するもので、二世紀のシドンの石棺のレリーフの解釈によって提起された問いである。この問題については、すでにわれわれは説明した。[4] 第二の問題はよく知られた聖書の表現、すなわち「タルソスの船」に由来する問題である。主要な二つの仮説がこれに関して出された。その一つは、このことばを地理上のことばとし、タルソスの船は、タルソスという名の国と通商することを専門とする船のことである、とするのである。しかし、その国はいかなる国であるか。それは小アジアの南海岸にあるタルソスのことであろうか。そうだとすれば、これほど短い海上ルートを使う船が特別の名をもつに値するという理由が、分らない。古代の黄金郷、ベティカの平野、今日のアンダルシアに当るタルテソスのことであろうか。それは長いあいだ支配的であった答えであり、今もスペインの歴史家にとってほとんど信仰箇条でありつづけている。もう一つの仮説は、タルソスの船をもって、金属と鉱石の輸送を専門とする船、すなわちわれわれが鉱石運搬船と呼ぶところのものであるとする。この仮説は金属を精錬することを意味する動詞ルシュシュ ršš の存在を根拠としており、この単語の語源は冶金部門の中心であるタルソスという町の名に見出されるというのである。この仮説は、ソロモンが、チロスの王ヒラムの提供したフェニキアの専門家によって造られたタルソスの船の艦隊を、紅海の奥のエジオン・ゲベル港に所有していたのはなぜかということを、より容易に説明するという。この艦隊は三年ごとに金銀および他の珍しい産物を求めて神秘的なオフィルへゆくのであった。[6] この解釈を受けいれるなら、われわれはH・フロストと一緒になって、小アジア南海岸のゲリドニア岬で発見された船はタルソスの船であると、厳密に考えることができるかもしれない。[5] 実際、部分的に発見された積荷の研究が示すように、船は銅と錫のインゴット、錫の粗石塊、および多くの青銅製道具を載せていた。一方、船は、カーボン・デーティングによれば、ほぼ紀元前一二五〇年―一一五〇年のものである。しかし、船は長さ約十メートルの小形船であって、いかように説明しようとも、ソロモンの船と共通のものは大して見当らない。

後代の資料によれば、フェニキアの商船の主要タイプは「ガウロス」と呼ばれるものであった。それは、丸い船で、長さも幅もほぼ等しく、かなり大きな収容力をもっていた。ニネヴェのレリーフに表現されている部隊輸送船が、たぶんその一つの図像化である。とはいえ、これらの船は帆をもたず、とりわけマストをもたない二段櫂船であり、前八世紀の商船としてはかなり奇妙である、ということに注目しなくてはならない。古代の他のフェニキアの船は前十五世紀のエジプトの絵画に描かれている。これまた、さきに示したものと同類扱いできる均斉のとれた船であり、戦闘員のための上部甲板を取り除き、櫂による推進力のかわりに中央マストと四角帆を設けている。最後に、もっと後の、アッシリアのレリーフは、エジプトで表現されたものとほとんど同じ形をし、櫂と帆で動かす方式の、とくに船首像として馬の頭をつけている船を、示している。この船首像はフェニキア船史にとってかなり重要である。なぜなら、フェニキアの植民地ガデスの住民はモロッコ海岸で漁をするために、船首像のゆえに「馬」と呼ばれた小形船を使っていたことを、別の筋から、われわれは知っているから。(7)

古代の海上運送業者であるフェニキア人は、非常に早くから、地中海のまわり全部とその向うにまで分住した。このフェニキア植民地建設の年代は議論の多いところである。それはまず時間的に著しく古いところに置かれ、ついで著しく若返らせた。しかし、今のところ、再び古くする傾向にある。

といっても、以前のように古くまではさかのぼらせない。大ざっぱにいえば、これらの西方航海の最古の証言は前十一世紀—十世紀に位置づけられるようである。この植民地建設は、危険な流砂地方《シルト》〔北アフリカ海岸〕を避ける海上ルートによっておこなわれた。すなわち、まずキプロス島へ、ついで、たぶんクレタ島またはギリシアへ、そして、クレタ島またはギリシアから直接に、あるいはシチリア島を介して、北アフリカへ、ウティカへ赴き、植民地建設をおこなったのである。かなり頻繁に書かれている否定的見解に反してこのルートをわれわれが認めるのは、キレナイカ〔北アフリカ〕の海岸ぞいにフェニキア人の存在を証明するものが何一つ発見されていないからであり、古代の航海者がもっともな理由でシルティス湾の浅瀬と円筒状の波を常に恐れたからである。(8) ウティカ地方からフェニキア人はイベリア半島に進出し、バエティス河すなわちグワダルキヴィール河の河口に近い小さな島にガデスを建設し、そこから、アフリカの大西洋岸に進み、居留民地リクススを建設し、たぶんモガドール地方まで進出した。この航海が帆で走る船（複合推進力の船であったとしても）を使ったときから、航海は海岸に対して疑問の余地ない自立性をもった。したがって、フェニキア人が夜になるといつも船を陸へ曳きあげた（それは毎日荷を下ろし、そして積み直すという労働を要求する）などと決して想像してはならない。したがって、フェニキア人の寄港地点の探査を右の考えかたに基づいて進めるのは、支持者がいくらかあったとしても、航海の現実を考慮にいれていないということになる。(9)

フェニキア人はまた、ウティカ地方から北はサルジニア、南と東は小シルティス（ガベス湾）の岸に達した。こんどは小規模な沿岸航海であった。(10)

3　ギリシアの国々

フェニキア人の航海を語ったあとでクレタ島とエーゲ世界について語るのは変則にみえるかもしれない。なぜなら、伝統的には、クレタ島の海上制覇はフェニキア人よりも古いとされてきたから。しかし、われわれは、クレタ島とアカイア文明を、そのはるかに遅い継承者たる古拙ギリシアから引きはなしたくないと考えたのである。

ミノア人の航海についてわれわれの知るところは著しく少ない。われわれは、この大きな島が東地中海の海域を渡ることのできる船をもっていたこと、(11)そしてシリアとエジプトの国々とかなり密接な経済的関係をもっていたこと、(12)を知っているにすぎない。他方、クレタの船はエーゲ海を縦横に飛び交っていた。たぶん、少なくとも経済上のある支配権をすら、大きな島の住民はギリシアの海岸に対して持っていた。前十四世紀から十三世紀にかけてのあたりで、アカイア文明が発展するとき、われわれはただそれが移動してゆくだけであるのを見る。すなわち、ミケナイの海運が、東地中海における経済関係の中で、クレタの海運に取って代るのを見るのである。かくして、多くのミケナイ製品がシリアの北部海岸で発見される。まぎれもない商業上の出店（この用語をすでに使うことができるなら）の存在を、オロンテス河の河口地域またはウガリトで知ることさえできるかもしれない。ギリシア人はまた、西方地域に向って進められた英雄遠征隊の漠然たる記憶を保ちつづけていた。ところで、近年の発掘は、とりわけリパリ諸島におけるアカイア製品の発見は、ミケナイ世界とティレニア海との関係の実情を明らかにした。残念ながら、この時代における航海についてわれわれの知るところは、著しく貧弱である。

ミケナイ文明凋落につづく時代、すなわちわれわれがギリシアの中世と呼ぶ時代になると、ギリシアは地中海経済の圏外にはいない。ギリシアはイニシアチブを執るよりも受けとる面のほうが多くなる。だから、『オデュッセイア』が海洋商人を示しているとき、その商人はフェニキア人である。したがって、古拙時代にはいってはじめて、半島の住民は経済上の意図をもって海への道を再び採るのである。その航海のために、彼らは、より高速の、しかし収容力の小さい、長い船、および帆を使うか複合推進力を使う丸い船を、競って用いた。後者は長い船よりも耐航性があったにちがいないが、速度の点では輝かしくなかったにちがいない。それにもかかわらず、この時代には、ギリシア人がフェニキア人と競い合うのが見られた。フェニキア人が政治上の自立性を失い、そのために、植民地に対する関係を緩めることとなっただけに（フェニキアの植民地は、その最後の建設都市であるカルタゴの保護下に移っていった）なおのことそうだった。東地中海の至るところにギリシア製品が見られるというギリシア人の経済的発展は地中海と黒海（フェニキア人が分住しなかった場所）の周囲全体にギリシア人共同体をふやす植民地建設の原因または結果である。ここでわれわれに興味のあることは、当時の海洋条件を考慮にいれたうえで植民地建設のルートがいかなるものであったかを確定する試みをすることである。

東地中海においては、変革はない。植民地建設のルートも、さらにまた通商のルートも、前の時代と同じ状況にある。ギリシアからエジプトへゆくのに、クレタ島または隣接のカルパトス島とロードス島から直接航路を使うか、キプロス島と沿岸航路によった。また同じころ、キレネの植民地化とともに大海を通じてクレタ島とキレナイカとの直接の関係が樹立された。この関係樹立は容易で速やかなものであった。横風のせいで往復航海が可能となるこの海域の西風のメカニズム、によってである。エーゲ海の北に向う航路についても、これまた問題はなかった。

ところが、黒海への航海については問題がある。実際、いくつもの海峡を渡らねばならないのである。ところで、ヘレスポント（ダーダネルス海峡）を渡るのが難事ではないとしても、ボスポラス海峡航行の場合はちがう。ここには五ノットの速度すなわち秒速二・六メートルで流出する潮流がある。それゆえ、ある著述家たちは、このような力の潮流に抗して荷物船を曳くことのできる唯一のもの、「五十の船」が考案されたときに初めてギリシア人はこの海峡を渡ることができた、と主張した。実際には、そんなことはない。なぜなら、有利な時を待つならば、そして船が団をなして航海するならば、帆船は航海に適するシーズンのあいだには約三十日で潮流をさかのぼることができる。一たびボスポラス海峡をこえれば、船は容易に黒海の南岸とドナウ河の河口地域に達するのであった。南岸から北岸、すなわちクリミア半島（古代のケルソネソス）への直行航海は、もっと後になっておこなわれた(13)。

西方については、「大ギリシア」（南イタリア）とシチリアにおける植民地建設の問題とスペイン＝ガリアにおける問題とを区別しなければならない。シチリアと大ギリシアに向う航海は二つのやりかたで進めなければならなかった。長い船による場合、ギリシアの海岸ぞいにゆき、ついで、オトランタ運河を渡り、再びイタリア南岸に沿う航海をする。これは通常はシチリアのナクソス地方、すなわち七三四年における最初の植民地建設の地に達するルートである。丸い船による場合は、イオニア海北岸（古代人のいうアドリア海）から直行する航路で、これはペロポネソス半島からシチリアの同じ地方に達する。メッサナ海峡の存在はたぶん初めから知られていたわけではない。このことは、最初のギリシアの植民地が、シチリア周航ののち達するピテクセス（イスキア）であったということの、説明となる。極西の植民地建設については、問題はまれに見る複雑さをそなえている。今日、マルセーユがティレニア海経由で来たフォセア人〔フォセアはイオニアの古代都市〕によって六〇〇年ごろに建設されたと考えられているとしても、それより前の時代に、スペインに向う南のルートがあり、スペインでギリシア、フェニキア、カルタゴの要素が交りあうという可能性は排除できない(14)。このルートに、コルシカとサルジニアの間を通ってバレアル諸島経由で中央イタリアに通ずるもう一本のルートがアルテミシオン岬（ナオ岬）の緯度で結びつくことになる。したがって、ギリシア世界がメッサナ海峡経由でマルセーユに結びつくルートが開かれたのは、ずっと後になってからにすぎないだろう。この海上の道の発達は、徐々に、地中海世界の諸国の間に通商関係を発展させるに至った。

この通商関係の発展の中で、まずエウボエアのような比較的重要でない都市が区別され、ついで、エーゲ海のアジア側海岸の諸都市（ミレトス、フォセアなど）とコリントスの都市が区別される。コリントスは、はじめは陸上生活者の都市であったが、古拙時代の終りごろ、ペロポネソス半島に固有

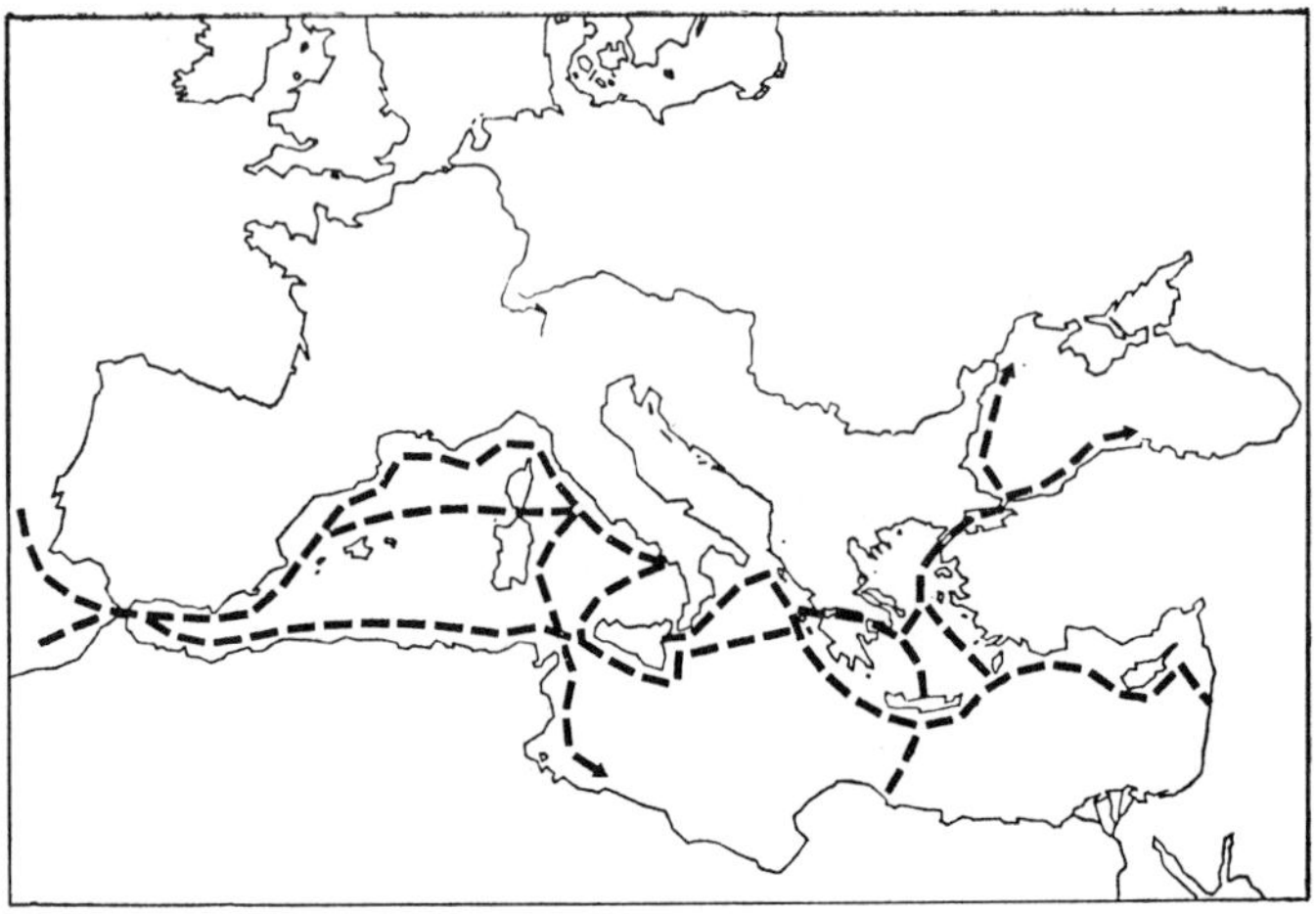

図19　植民地建設のルート図

のギリシアの陸路と東西海路の十字路という注目すべき条件を活かして、通商事業に傾いていった。その二つの港（エーゲ海に一つ、コリントス湾に一つ）に最大量の船と商船を吸収するために、運河の先駆である「ディオルコス」を建設した。これはまぎれもなく鋪装した道路の上にレールを敷き、その上を車が動き、その車によって一方の海から他方の海へ船を渡らせるのであった。かくして、東と西の距離は短縮され、同時に、船はペロポネソス半島の突端のマレア岬の恐るべき嵐を避けることができるのであった。

しかしながら、これらの経済上の動きは多くの船も大形船も必要としなかった、ということに注目しなくてはならない。なぜなら、ギリシアの植民地建設は、新しい経済上の条件に不向きな小国にとって重要であったものの、それにもかかわらず僅かの人員をしか移動させなかった。われわれは、テラ島（サントリニ島）の住民によるキレネ植民地化という実例をもっている。その植民地化は二隻の「五十の船」でおこなわれたようである。このような船は乗組員のほかには多くの人員を乗せることができなかったので、キレネの建設は約百五十人で実現したということができる。いずれにせよ、古拙時代の経済構造について知るところは余りに少ないので、たとえば、乗組員の構成、船主と商人の関係、事業の組織そのものについて研究することはできない。

4　古代の慣習

経済上の航海は、ある慣習を非常に早く生みだした。われわれはそれをすでに法律上の慣習と呼んでもよい。法律上の慣習については、東地中海の場合がわれわれに分っている。それは大ざっぱにいって、前十二世紀からペルシア戦役の時代まで変ることがなかった。残念ながら、人間の面をとらえるのは非常にむずかしい。せいぜいわれわれの言い得ることは、多くの場所で通商は首長たちの手中にあったということである。エジプトの場合に、われわれはそれを見た。フェニキアの場合にもそれを見ることができるであろう。フェニキアでは、王は海洋通商人であるから。しかし、王だけが商人だったわけではない。都市にはまぎれもない通商貴族が存在する。王は真の君主であるほかに、その代表者であるようにみえる。通商活動は最低限の簿記を必要とした。われわれがすでに語ったウエナモンの物語はその記憶をとどめているということかもしれない。他方、早くもこのような古い時代から、条約に、海上貿易に関する経済条項があらわれている。

A　難破船に対する権利

ある地方においては長いあいだにわたって固定化し、他の地方においては混乱のときに幾度も再生した、よく知られた海洋慣習がある。それは難破船に対する権利で、二つのやりかたであらわれている。最も古典的なもの、すなわちその名の由来をともなっているやりかたは、すべての難破船、海に投げ出されたすべての物、あるいは海岸に抛《ほう》りだされたすべての人間は、それを発見した者、あるいは難破船の発生した海岸に対して権限をもつ国の財産になる、としている。したがって、難船者は奴隷となる。これは、忘れてはならない、また過小評価してはならない古代の奴隷の源の一つである。それにまた、彼はこの運命を倖せと考えることができる。なぜなら、多くの場所で、難船者は疑わしき者として無条件に処刑されたのだから。港湾組織と関連して、この難破船に対する権利は、港の水域に限られていたものの領海という概念の萌芽が初めてあらわれたことによって、複雑になってゆく。あるいは、もっと正確にいえば、港は交易の特権的な場所、すなわち船乗りも商人も有効な事由なしには追跡されず、彼らが自らの活動に自由に従事できる場所となるのである。しかし、このことは反対の面ももっている。港の外に出る船は漂着物と見なされるのである。ここに、この権利の第二の概念がある。これは歴史にとって重要である。なぜなら、それは非常に早くから条約の条項を生みだしたのだから。

かくして、六七六年にアッシリア王エサルハッドンとその臣たるチロス王バアルとの間に結ばれた有名な条約の中に、アッシリア帝国領の海岸にチロスの船が難破したとき、アッシリアはその人員を決して捕えず、積荷のみを取るという約束をアッシリア王がしている。この古い法の適用によって、サイス王朝のエジプトやカルタゴといったような国々が、領土内のよく確定されたいくつかの港以外では外国人の通商活動を禁止するということになる。しかし、そのかわり、許されている港あるいは水域では、海洋商人は保護される。このことがまた非常に重要なのである。

海洋貿易の発展とともに、君主と国家が、利益の上る活動を自分たちから引きはなして万人のものとするおそれのあるこの権利を徐々に捨てたとしても、沿岸住民は容易には捨てなかった。なぜなら、彼らにとって、とりわけ彼らが貧しいときに、それは議論の余地ない収入源であったから。たしかに忌まわしく、しかし富をもたらす難破船業が利益を増大しないことがあり、そういう場合沿岸住民は貧しくなるのであった。(15)

B 押収

ここでわれわれは、習慣的にギリシア語で sulai《スライ》 と呼ばれる、海洋貿易の発展に対する別の枷《かせ》を扱う。スライに対しては、避難協定を結んで防衛することができる。スライというのは、ある国のある個人に対して債権をもつ者は、債務者の国に属する船が港にはいってきたときその積荷の全部または一部を押収することができるという規則である。海洋貿易に非常に損害を与えるこの慣習はまた、押収をおこなうと主張する者がその権利の実在性を証明するために、最低の簿記をそなえることを想定している。

これらすべての慣習にもかかわらず、海上貿易は古拙時代に発展することをやめなかった。ヘシオドスが弟ペルセスに用心深さを求めて与えた助言は、その助言の対象である人びとにとってさえ、いささか時代遅れにみえたにちがいない。加うるに、休みない戦争も通商航海にわずかの害をしか与えなかった。ペルシア戦役のさなかにギリシアとペルシア帝国の通商関係が強かったというのは、歴史家にとって小さな驚きではない。このことは、北シリアのアル・ミナ港で豊富に発見されたこの時代のギリシア製品によって証明されている。

5　カルタゴと西方

植民地建設の結果、西方は東方の古拙時代末期の経済的現実の中でますます重要な位置を占める。ギリシアの植民地はそれぞれの間に、そしてその本国との間に不断の関係を保つ。加うるに、西方自体の内部において、植民地はエトルリア人とカルタゴ人の通商海運の競争力につき当る。エトルリアの通商海運については、西部地中海におけるその陶器、有名なブッケロ式陶器、かなり活発な取引きを想わせる青銅製品を別とすれば、われわれはほとんど知っていない。にもかかわらず、われわれは墓と壺の絵によって、彼らの船についてのイメージをある程度もつことができる。彼らの船は、海賊船、衝角をそなえた長い船、あるいは丸い船であって、垂直の二本マストを用いて航行するかなり重い形をしている。[16] 絵の時代がかなり後代のものであるにもかかわらず、それらの絵を参考とし得るならば。[17] われわれはまた、南エトルリアの都市カエレの港で二国語碑文が発見されていらい、もはやギリシアの著述家の文章のみに頼るのではなしに、エトルリア人の諸国とカルタゴとの間に存在した緊密な関係についても知っている。これは植民地ピルギの文書であって、ギリシアの植民地とエトルリア＝カルタゴ同盟との間に存在した競争を証拠だてるものとして、ますますわれわれにとって重要となっている。ところで、当時のカルタゴは、これまた比較的若い都市であった。前七〇〇年ごろチロス王国の建てた最後の都市カルタゴは、その名前〔新しい都市の意〕によれば、アジアの強大な征服者の手に落ちたチロスを継ぐべき運命をもっていたようにみえる。徐々に、この新しい都市は、フェニキアの他の植民地に支配を及ぼし、ギリシア人をイベリア半島南部から駆逐し、シチリアを所有するためにギリシア人と戦う。カルタゴは、とくに、難破船に対する権利を拡大し、これを厳格に執行することによって経済力を保持する。カルタゴは、重大な船の損傷の場合は別として（その場合でも三日間の滞在の権利しかない）、いくつかの港のほかには同盟国の者といえども上陸を認めないのである。猶予の日数を越えても船が出港しないときは、共通法が適用される。これはローマとカルタゴとの間に結ばれた有名な条約に由来するものであり、ピルギ文書の発見はこの条約の価値を著しく高めた。たぶん地中海における通商航海にのしかかる脅威の結果、カルタゴは古拙時代末期に新しく開拓すべき土地を探したようにみえる。これは、非常に議論の多い有名な文章『ハンノの周航』から引き出すことができる。古代の海運について述べる書物のなかで、これを黙って見すごすということはできない。この文章を、われわれはギリシア語版でしか知らない。ギリシア語版は神殿の壁面に刻まれたカルタゴ語の文章の翻訳であると自ら称している。周航は(それがあったとすれば)前五〇〇年より前のことであろう。大西洋岸のフェニキアの植民地を建て直し、原住民との接触をはかるために南に進出し、そしてたぶん仲介者を免れる黄金への直行路を探査するという任務を帯びて、ハンノは六十隻の「五十の船《ペンテコンテレス》」と三万人の男女を引き連れて出発したらしい。このことは、したがって、長い船のほかに輸送船があったことを想わせる。残念なことに、この周航の終着地点について歴史家のあいだに、いかなる一致も存しない。ある人びとにとっては、これはまぎれもなく西アフリカの周航であり、このカルタゴ人は当時噴火していたカメルーンの火山地帯まで行った、ということになる。他の人びとにとっては、モロッコ海岸沿いの航海の条件は、この航海者がカナリア諸島の緯度をこえるのを妨げた、ということになる。すべての人が一致している唯一の点は、この物語の中に、ありそうもない要素があるということである。このことは、ある人びとによれば、競争者ギリシア人が新しく開拓されたルートにはいってくるのを外《そ》らすためであるという。しかし、真にこの旅行がおこなわれたとしても、われわれの知るかぎり、それにつづく旅行がなかったということに、十分に注意しなくてはならない。

古拙時代はギリシア人に対する二重の攻撃によって終る。東方ではペルシア帝国のがわからの、西方ではカルタゴのがわからの攻撃である。この同時性の中に、カルタゴ人とペルシア人の協定を見ようとする説がかつておこなわれた。ペルシア人は、ペルシアの臣下となったフェニキア人に駆り立てられて、ギリシアの膨張を終らせるために、この協定に至ったというのである。この仮説はすでに久しい以前に論破されたのであるが、ここに思いだすのは有益であると思われる。なぜなら、今もなおこの説を述べる者がかなりしばしばあるから。

第九章　ペルシア戦役からローマ帝国まで

五百年より少し短いこの時代について、われわれの情報は前よりも増えている。しかし、だからといって、通商航海の諸問題のすべてのデータについて正確な知識をもっているとは、主張できない。他方、欲すると否とを問わず、この時代は、この長さのゆえに、ある進化をとげた。たとえば、アレクサンドロス大王の征服の結果、経済の軸がギリシアの沿岸からエーゲ海のアジア側沿岸に移り、アテネの凋落を促した、ということだけであったとしても。

1　古典時代

ペルシア戦役からアレクサンドロス大王の征服まで、地中海の東方でも西方でも、ギリシア海運のまぎれもない優勢をわれわれは見る。ペルシアの敗北はフェニキア人の海洋勢力を弱め、またシラクサイの勝利はエトルリア人を除去し、カルタゴを暫くのあいだアフリカと極西に退却させた。多数のギリシアの都市が海洋貿易に加わり、その名の多くのものは、ほとんど海洋貿易だけで生きる。マルセーユがその例である。マルセーユはコーラすなわち内陸部をもたないので、ガリアとイベリア半島北部の地中海側海岸の通商を開拓し、アグド〔西地中海に面するフランスの都市〕とアンプリアス〔地中海に面する北部スペインの都市〕のような植民地をイベリア半島につくる。これらの植民地は、購買客であり供給者である内陸部に達する中継地・出店となる。しかし、マルセーユはまたイタリア、コルシカ、シチリア、ギリシア世界と経済的関係をもつ。これは、マルセーユとローマとの間にある条約の伝統、デルフォイ〔ギリシアの都市〕のマルマリア神殿にあるマルセーユの宝物が示すところである。もちろんこれはただの一例にすぎない。西方にせよ東方にせよ、いかなるギリシアの海洋都市も同じような事情を示すことになる。とはいえ古典時代において、経済的視点で他のいかなる都市よりもよくわれわれに分っている都市、その産物とくに陶器の伝播がたぶん他のいかなる都市よりも大きな役割を果した都市は、アテナイである。ところで、他の多くの諸現象と同様に、この面についてのわれわれのアテナイについての知識は、アテナイの残した多くの記録のおかげで、他の都市の場合よりもずっと優っている。

この都市の重要性は、サロニカ湾を支配する地勢から来る。すなわち、エギネ島を奪ったときから地峡ルートを支配する地勢である。アテナイは中央の位置をもつだけでなく、クセノフォンがいうように「一つの島のもつ有利さをすべてそなえている。必要なものを輸入するのにも、望みのものを輸出するのにも、すべての風がアテナイに有利に働く。なぜならアテナイは二つの海の間にあるから」(1)。

この位置は、テミストクレスの仕事のおかげで、この都市が水深の大きい港ピレウスをもち、船が全く安全に岩壁に着いたり碇泊したりできるようになったときから、完璧に活用された。ピレウスで、海洋貿易は船台、碇泊架と修理ドック、商品のための倉庫、銀行家や実業家の十分にそろっている取引所、ディグマすなわちたぶん見本（？）による販売市場を利用する。それにもかかわらず、この港を、大形船が頻繁に来て多くの船が来る現代の港のように思い描いてはならない。すべては時代の尺度にあわせて縮小して見なくてはならない。アテナイ市国すなわちアッチカ地方はせいぜい四十万の人口（アテナイ人、混血人、解放奴隷、奴隷）をしか持っていない。だから、アテナイが生産するものがきわめて少なかったとしても、人口の大半を優に養うことができる。その結果、外国貿易に依存して穀物の糧食を得るのは、市内と港の人びとだけである。いいかえれば、当時としては重要であったものの、アテナイの海洋貿易の量は絶対値でみると比較的小さいものであった。加うるに、このアテナイの貿易はアテナイ人のみの手中にあったわけではない。それとは程遠い状況だった。ピレウス港には他の諸国から多くの船が頻繁に来ていたのである。最後に、この貿易は個人単位でおこなわれる貿易である。市国の監視をきびしく受ける場合（少なくとも小麦に関しては）であっても、そうだった。このことは、国家財政に資金を補給するために、クセノフォンが国に所属する艦隊をつくり、国がその船を賃貸しするという独創的な提案をした事情の説明となる。かくして、市は船主となり、艤装産業がもたらす実り豊かな利益を得ることになるわけである。

A　船と乗組員

大貿易のために使われた船は当時においてはほとんど全部が中級トン数の帆船である。(2) しかし、的確な、また年代の確かな資料がないために、それらの船を描写することはわれわれにはほとんど不可能である。われわれが言い得ることは、それらの船は丸い船で、水線より上にかなり高く出ていて、装飾の少ない船である、ということである。たしかに、もっと大きいトン数の船を造ることもできたであろうが、それは何の役にも立たなかったであろう。なぜなら、当時の経済状況および多数の港、細分化された国家、細分化された海域という事情にそれは適合しないから。(3) それゆえに、マケドニアのフィリポス王がポントス〔黒海南岸の農業地帯〕の小麦をアテナイに運ぶ艦隊を捕えたとき、彼は二百三十隻の船を捕えたのであり、その中の百八十隻はアテナイのものであった。時に三四〇年だった。われわれはまた、アテナイが繁栄時に、ボスポラス海峡の安全を確保するとともにプロポンティス海〔マルマラ海〕から黒海へ渡る商船を曳いてやるために、同海峡に三段櫂船の艦隊を常備していたことを、知っている。これは「三分治王冠」に関するデモステネスの演説がわれわれに示すところである。しかし、すべての船がこのタイプであったわけではない。一方、われわれは、とくに沿岸航行のために、櫂と帆の混合推進力船が使われたことを知っている。

利益をあげるために、これらの商船は比較的少ない乗組員を乗せていたはずである。少ないといっても、混合推進力船による沿岸航行のさいは、沖合航行の船の場合よりも多数であった。水夫、漕手、檣楼員についてよく分っていないが、われわれが船の参謀部と呼ぶところのものについては、いささかよく分っている。それは、古典時代においては本質的には三人の人物から成っている。すなわち、hubernetes《クベルネテス》, proreute《プロレウテ》, keleuste《ケレウステ》 の三人である。クベルネテスは語源的にいえば舵を支配する人であり、すなわち舵を扱う人、舵取りのことである。しかし、商船においても軍船においても、クベルネテスと呼ばれるところの者は、もし彼が舵の操作を知っていなければならないとすれば、そして、もし困難な事態に陥ったさいに舵をにぎるものであるとすれば、彼は事実上船長である。あるいは、この用語のほうがよろしいというなら、海上における船の運航について責任をもつ航海長である。この船長はプロレウテすなわち船首係に補佐される。船首係はまぎれもない副長の役を果し、クベルネテスが消え去るような場合には船の指揮をとる人である。その名が示すように、クベルネテスが船尾に位置するのに対して、プロレウテは通常は船首に位置する。航路を監視するのは、そして、大形帆が張られてクベルネテスの視界が遮られたとき船の前に何がおきているかをクベルネテスに知らせるのは、彼である。第三の人、ケレウステは乗組員の長である。彼は、複合推進力船では漕手に調子を与え、帆だけの船では操作を指揮する。後代の資料から拡大解釈をしようとは思わずに、われわれとしては古典時代の商船の参謀部をこの三人に限ることとする。

B　エンポロスとナウクレロス

海洋通商に密接に関係する個人として二つのカテゴリーを、すなわちエンポロイ emporoi とナウクレロイ naukleroi を、テキストと碑文はわれわれに示している。そこで、われわれとしては、彼らが何者であるかを知る努力をしなくてはならない。

エンポロス emporos の語義にはほとんど問題はない。この単語はもともとは商人を意味し、そこから商業をする場所を指すエンポリオン emporion という単語が出ている。しかし、エンポリオンという語が本来の意味を維持しているとしても、エンポロスの語は海洋商人だけを指すに至り、ついでエンポリア emporia の語もこれまた海洋通商活動を指すに至った。この意味で使われたエンポロスという語はすでにヘシオドスにあらわれており、船の全部か一部を賃借りしてそこに商品を積み、自らその商品に付き添ってゆく者を指している。彼はその商品をある港で売り、その港で新しい積荷を買いいれ、他所へいってそれを売り、出発地点に帰るときまでこのようにして商売をつづけてゆく。この商人は原則的にはかくかくの商品を専門に扱うというわけではなく、あらゆる品目を少しずつ売る。彼にとっての唯一の問題は、航海シーズンの短い期間に能うかぎりの最大の商いをなしとげるということである。この制度の利点は、通貨交換という問題を最もエレガントに解決したということである。なぜなら、彼は金《かね》を手にした同じ国でその金を直ちに投資するから。この活動は、エンポロスのがわに、ある程度の市場知識のあることを前提としており、その結果、彼は出発時に積みこんだ荷物よりはるかに勝る価値の荷物をもって母港に帰ってくることができる(4)。

ナウクレロスに関する問題ははるかに複雑である。この単語はしばしば船主と翻訳される。しかしこの翻訳は実際を考慮していないという誤りを、すなわち、ナウクレロスは航海する人であることを考慮していないという誤りを犯している。たしかに、船主が自分の船で航海することを妨げるものは何もない。しかし、航海することを強制するものもまた何ひとつない。他方、ナウクレロイとエンポロイの非常に緊密な提携ぶりは、それだけで（他に認識材料がないとしても）ナウクレロスは彼らもまた商業活動に加わっていたということを示している。だからこそ、大半の著述家は、ナウクレロイはまぎれもない船長であり、船長兼船主でないときは船主によって船主のポストに任ぜられる、と考えている。それゆえ、私はさきにクベルネテスは航海長であると特定した。とはいえ、私としては、クベルネテスはまぎれもなく船長であると考えるという方向に傾いている。なぜなら、二つの役割をもっている彼は、使い古された表現を借りれば、船上で神の次に位する者であるからだ。彼は裁判をする。彼は、危機の場合には、必要とみなすなら積荷投棄に移る決定をする。しかし、同じ人物が同時に船主であること、すなわちナウクレロスであると同時にクベルネテスであることが可能であるということは、明らかである。(5)

船主が自由な個人または国家であることが可能であるのに対し、乗組員もナウクレロスも社会的従属状態の者、すなわち解放奴隷または奴隷であることが可能である。したがって、軍船と商船のあいだにはこの点で本質的な相違が存する。しかし、アテナイの場合をとりあげてみるなら、海洋通商活動は市民の手の間にではなく、混血者、定住異邦人の手の間に多少とも集中していることが分る。

C　海事慣習

海事慣習は、まことに特徴的な二つの作品のおかげで古典時代末期については分っている。一方に、リシアス〔ギリシアの雄弁家。前四四〇―三八〇〕の『講話』があり、他方に、デモステネス〔ギリシアの雄弁家・政治家。前三八四―三二二〕の名のもとに集められた『民事弁論』がある。もっとも、その全部がデモステネスの手になっているわけではない(6)。エンポロス、すなわち自分のためにナウクレロスを介して船を活用する船主が商業活動にはいりたいと思うとき、彼の直面する最初の問題は必要な資金を見つけることである。たしかに、彼は自ら資金を出すことができるであろう。しかしそこに面白味はない。なぜなら、難破したときは、彼は絶対にすべてを失うから。それゆえに、彼は海事借入金の契約をする慣習がある。これは、紀元後十八世紀の法律が大冒険のための借入金を呼んだところのものである。この借入金契約は、保証人の役をする銀行家を介して最もしばしばおこなわれる。それは契約書三通を生む。二通は、契約者双方のためであり、残る一通は銀行家の手に保管される。この契約書は、紛争が生じた場合、裁判所に提出せねばならない。この借入金は船そのものあるいは積荷を抵当とすることによって保証される。海事借入金の原則は、もし船が荷物とともに消滅するというようなことがおきた場合、貸し手に対するあらゆる義務から解除される、ということであり、船が無事に着港した場合は、借り手は良い商売になろうとなるまいと、非常に大きな利息をつけて借入金を返済しなくてはならない、ということである。この利息は、古典時代においては航海期間の長さに応じて、すなわち一回きりか往復かということによって変る。また、航海がおこなわれる時期によっても変る。実際、航海が悪いシーズンにおこなわれる場合、求められる利息は好シーズンの航海の場合よりも多くなる。契約は、経路、積荷をあらかじめ規定し、たぶん、しばしば、スライの権利によって船を差し押えられるおそれのある港には接近してはいけないという禁止事項も特記する。(7) このようにして、一つの航海のさいに、同時にせよ連続的にせよ、数件の海事契約をすることがあり得る。到着とともに貸し手は貸し金と利息の返済を求める。このために、往復航海でない旅のときは代理人の一人が船に乗ってゆく。もし借り手が返済しないときは、貸しは存続する。ただし、貸しは利息と一括して通常の貸しという形に変る。あるいはまた、貸し手は裁判所に訴え出ることができる。

少なくともアテナイではそうであったし、他の場所でも同様であったにちがいないのだが、海事訴訟は、通常訴訟とは異なる非常に特徴的な性格をもっている。まず第一に、訴訟が提起された次の月に判決が下されなくてはならない。船を無為の状態にしないためであり、船の経済活動継続を可能にするためである。しかし、たぶんもっと個性的であるところのものは、訴訟において奴隷が果す役割である。通常の裁判においては、奴隷は訴訟を提起することはできず、また彼の証言は拷問によって得たものしか採用されないのに、商業裁判においては、奴隷は、ナウクレロスであるにせよエンポロスであるにせよ、はるかにはなれている主人のために、完全な自由のもとに証言できるだけでなく、さらにまた、主人をまきこむ訴訟行為を起すこともまたできるのである。

D　海洋世界の膨張

地中海の軌道に外部の海洋世界を導きいれるという結果をもたらす二つの探検行動がおこなわれるのは、古拙時代と古典時代の曲りかどにおいてである。われわれが考察する第一のものは、カルタゴ人ヒミルコンの大西洋遠征である。そのときカルタゴはたぶん、地中海における衰退を前にして、錫の海洋貿易独占を確保しようと欲したのである。とはいえ、ヒミルコンはタルテソス人のブリタニア行きルートを再び採ったであろう。彼が島まで達したか、あるいは北方に進んで彼の旅がアルモリカ（フランス北西部のケルト名）でとまったかどうか、われわれは知らない。第二のものは、ペルシアのためにギリシア人スキラックス・デ・カリンダによって、インド洋（古代人の紅海）のアジア側の岸、インダス河の河口からエジプトまで進められた遠征である。しかし、いずれの場合も、もし世界の拡大ということがあるとしても、唯一の民族に利益をもたらしているだけである。

2　ヘレニズム時代

アレクサンドロス大王による征服は、ギリシア人に対して新天地を開き、旧い政治構造の消滅をもたらし、ペルシアの富を市場に投げだし、東地中海世界の深刻な変化をもたらした。アテナイのような、かつて海上で強力であった旧い都市は、政治的な面でも経済的な面でも舞台から消えた。新しい都市が、征服者とその後継者によって建てられ、出現した。なかんずく、アレクサンドリアとアンティオキアがそれであり、その大きな人口と活動によって、地中海貿易の大半を惹きよせた。西方では、ローマの力の発展がある。なぜなら、正しい意味のローマの商業艦隊は全く存しないもののカルタゴの破壊（南イタリアとシチリアのギリシア都市の征服につづいて）と地中海の征服とローマ市の厖大な人口増とは、他のこととは段ちがいに大きく、なお膨張しつつある古代世界の経済的条件を変えたからである。

A 地中海の外への航路

西方の大海洋ルートは錫の道である。それは、非常に古く非常に議論の多いところのものであるが、タルテソスの破壊とヒミルコンの遠征ののち、カルタゴの所有物となり、ジブラルタル海峡を外国船に対して閉す。しかし、カルタゴの都は自らブリタニアまでのルートを活用するはずはない。ヴェネチアの船が中継の役を果す。しかし、三〇〇年ごろ、一人のマルセーユの航海者、すなわち有名なピテアスがその封鎖をこじあけることに成功し、西の海域にまぎれもない発見遠征を進めた。彼はイギリス諸島にまでさかのぼり、その周航をなしとげ、その向う側の神秘的なテュレス島まで進出し、たぶん大浮氷群を知り、バルト海の岸を認めた。しかし、すでにマルセーユ人の名声は確立していたにちがいない。なぜなら、大半の古代の著述家は、ピテアスを詐欺師と難じ、その航海の真実性を受けいれることを拒否したから。かくして、地中海の人びとが大西洋と縁海へのルートを再発見するためには、カルタゴの陥落を、ついでカエサルによる征服を待たねばならなかった。

ローマ世界の他の端の地では、インド洋がヘレニズム時代に、少なくとも地中海の人びとにとっては、よりよく知られた海となる。スキラックス・デ・カリアンダの周航にもかかわらず、東西間の海洋貿易は本質的にはアラブの所有物でありつづけた。プトレマイオス朝時代には、インドおよび南アフリカとの貿易を直接に進めるためにいくつかの企てが諸君主によってなされた。したがってそれは、アレクサンドロス大王の計画、すなわち彼がインドからの帰路、幕僚ネアルコスにインダス河口からペルシア湾の奥および海岸を偵察させるに至った計画を、再び採りあげ、それを発展させるということであった。しかし、プトレマイオス朝時代におけるインド洋開拓の企ては成功したようにはみえない。たぶん、アラブ人、インド人、マレー人にはよく知られていたモンスーンのメカニズムを知るに至らなかったせいである。

B　海洋貿易の組織

古典時代と帝政時代のあいだにあるヘレニズム時代を性格づけるのはかなりむずかしい。海洋貿易の構造はその前の時代における状況と同じである。しかし、習慣的な条件を議論の余地なく発展させたことは認められる。難破船についての権利は本来の意味の地中海からはほとんど完全に消え、なお黒海の一部に残っているだけである。その場合でも、ギリシアの諸国家と地方諸国家との間に締結された協定（たとえば、コス島とビトニア王ジアエラスとの間に二五〇年ごろに結ばれた条約）の結果、後退する〔ビトニアは小アジア北西部の地を占める王国〕。同様に、押収の慣習も消える。この慣習は、商業活動の順調な実施に対して阻害要素となっていたのだった。たぶん、海洋貿易に関する慣習の全体は、こうしていわば法律化され（この用語に厳密な意味を付与しないという条件で）、ロードス島の法と呼ばれるものとなる。ロードス島の法というのは、非常に議論の多い表現で、それにまた、ずっと

後代になってはじめてあらわれる表現である。(8)

しかし、海の慣習に小アジアの南西に位置する大きな島の名を与えたという事実は、当時この島が東地中海の経済生活で占めていた重要性を示している。エーゲ海航路という軸が東に向って移動したこと、アテナイの衰退、もろもろの大帝国に対してこの島が独立を保ったこと、それらのことすべてが、この島をして地中海における商業航路の転車台とするのに貢献したのである。この転車台の役割は、海洋上の位置によって前もって運命づけられていたのであり、その位置のおかげで小アジアとの関係を容易に持つことができ（そこを経由して黒海沿岸地方との関係を持つ）、キプロス、シリア、クレタとの関係、エーゲ海諸島経由のギリシアの諸国との関係、そして最後にエジプトとの関係を持つことができる。かくして、ロードス島は地中海における小麦と葡萄酒の大貿易センターとなる。この役割は、港の組織に象徴的に示されている。港は、広くて、よく保護された場所にあり、その入口は最も有名な航海目標、すなわち防波堤の突端に立っているヘリオスの巨像によって、航海者に示されていた。ただし、巨像は、しばしば想像されているような、入口の水路をまたいで立つ姿勢ではなかった（古代人の知識と技術は、両脚をくっつけている姿勢とは別の巨像を立てる可能性をもたなかった）。大貿易センターとしての役割はまた、都を破壊し、巨像を倒した二二五年の大地震のさいに東方の人びとがすべて感じた衝撃によっても、象徴的に示されている。とはいえ、ローマによる征服はロードス島の経済に深刻な打撃を与えることとなる。ロードス島の大陸における保有地もピレウス港も奪ったローマは、ロードス島の資源の一部を取りあげた。ローマはアポロンの小島、デロス島を自由港とし、ことに優遇措置を与え、このことによって、不便な場所に位置していて到着するのにかなりむずかしいこの島のほうに、商業そのものではないとしても、少なくとも商業活動の基地を惹きよせた(9)。

当時のもう一つの大商業都市は、いうまでもなく、マケドニア人の作品の中の最も名声高いもの、アレクサンドリアである。原住民の古い村落のあとに位置し、ファラオ時代に良港をもっていたファロス島に守られているアレクサンドリアは急速に古代世界の最大の都市になった。その地位はローマに取って代られるときまでつづく。アレクサンドリアはすぐれた港をそなえている。その港は、ファロス島(そこに燈台が立っている)と陸地をつなぐ堤防の建設によって生れた人工の港である。かくして、ヘプスタディオン(これが七スタディオンの長さをもつ堤防の名である)は、二つの港内水域を区分する。すなわち、西の港内水域と東の港内水域である。港は航行可能の運河によってナイルにつながり、そのことによって、エジプトの全産物を受けとることができ、また、デルタの東端をスエズ湾に結びつける運河のおかげでオリエントの全産物をさえ受けとることができる。にもかかわらず、この港にいくつかの不便なところがある。まず接近するのに比較的むずかしい(それゆえに、燈台の必要が生じたわけだ)。また、風を受けるためには、沖合まで曳船に曳いていってもらわないといけない。アレクサンドリアは、岸壁、倉庫、給水施設などがよく装備されているため、ヘレニズム時代には東方航路の主要発着点となり、プトレマイオス朝の静止的経済構造から商業上の便益を受ける。君主たちによってまぎれもない政治的武器として用いられたエジプトの小麦が出てゆくのは、アレクサ

ンドリアからである。(10)

カルタゴの破壊ののち、ギリシアの商人すなわち東方の商人はもはや地中海に敵なしである。このことについて明確な証拠をわれわれはプラウトス〔ローマの喜劇作家〕の劇の中にもっている。たしかに、彼は、第二次ポエニ戦役と同時代の人であることを示す年代のゆえに、カルタゴの商人を知っている。しかし、新しいギリシア喜劇、とくにメネアンドロス〔ギリシアの喜劇作家〕を自由に模倣した彼の作品の大半は、典型的にギリシア的であるナウクレロイとエンポロイを描いている。この描写は当時のローマ人が知っていた経済的現実とは無関係である、と考えることができようか。当時、ローマの商業は伝統的に組織されたギリシア人の手中にあった、ということは明らかである。それはまた、商業における人口構造が古典時代いらい変らなかった、ということについての証拠でもある。しかしながら、海洋貿易の膨張は大企業家の出現を伴ったはずであり、このことは帝政時代における地中海の経済構造がやがて変ってくることを予告するものであった。同様に、造船と航海の技術においてもいくつかの変化があらわれたはずである。船のトン数を全体的に上げるというよりは、風をよりよく使うということが求められた。高い帆すなわちシパルム siparum がヘレニズム時代の発明であることを、一般に信じられているとおりに真実であるとするならば。ただし、それはアレクサンドリア人の発明では毛頭なくて、著述家によればフェニキア人の発明である。

第十章　ローマ帝国

ローマ帝国の四百年は、理解しやすい動機によって、それ以前の時代よりもやや長くわれわれが考察するところとなる。資料の豊かさのおかげで、われわれはこの時代についてよりよく知っている。帝国は、経済的視点からすれば、何よりもまず海によって、海の活用によって生きた。われわれがこれから扱う問題の多くはもちろんその深い根源を先行する時代の中に持っているが、われわれは、われわれにとって完全に確実とはなっていない海洋経済上の事実を、拡大化することは望まず、また復原（たぶん誤って）することも望まなかった。

1　港

ローマの海洋世界のすべて、および河川世界は顕著に港をそなえている。たしかに、先行する時代の港の継承者であるにすぎない港という場合がしばしばある。しかし、多くの港は新しいか、あるいは期待されるサービスに応じられるような深い変化をとげている。かくして、海洋港であると同時に経済港である港の、まぎれもない序列が存在する。よく保護された入江で出来ている小さな港、簡単な海港では、その近くの海岸に船は投錨する。これは漁港としてだけでなく、また商港としても存続する。実際、陸上商業はその価格によって、また運び得る商品の量が比較的少ないことによって妨げを受けるので、小さな港は岸沿いの航海によって、陸上ルートでは接近しがたい飛地に商品を再供給するという役割を果すことができる。このカテゴリーにわれわれがいれるのは(たとえ建造された港の場合がしばしばあるとしても)、大きな財産あるいは工場のために奉仕する私的な港であり、イストリア海岸〔アドリア海〕に見られる多数の小港がこれに当る(1)。

しかし、大きな港は常に少なくとも部分的には人工港であり、その造りかたはヴィトルヴィウス〔前一世紀のローマの建築家〕が示す記述に、ある程度合致している(2)。これらの港は天然の恵まれた地勢を整備することによってできることもあり、あるいは反対に、全面的に建設することによってできることもある。それらの港は、多数の港内水域をもつこともあり単一港内水域でできていることもあり、河口を利用することもあり(ここでは河口という用語を非常に広い意味で使う)、海岸に直接に位置していることもある。ここで主眼としていることは、存在するすべての場合の実例を示すということではなくて、単に特徴的ないくつかの港を示すということである。

A　オスティアとポルトス

アレクサンドリア港の話に戻るべきではないので（ローマ時代でもヘレニズム時代でもこの港は同じであった）、われわれはまずローマの港を考察しなければならない。共和国時代の全期を通じて、ローマはその重要性に適わしい港をもたなかった。たしかに、テベレ河の河口に植民地オスティアがある。伝承によればオスティアはローマの三番目の王アンクス・マルシウスの時代にまでさかのぼるというのだが、実際には前四世紀―同三世紀にかけて建てられたもので、それも、港としてではなく、海から来る敵が河に近づくのを防ぐための海洋植民地として建てられたのであった。ローマの歴史のはじめのころ、小トン数の商業船がローマにまでさかのぼり、アヴェンチノムの丘のふもとに柱廊と倉庫にかこまれたエンポリオンを発達させた。都市の発展とともに、この河の海港は不十分となり、第二次ポエニ戦役のさいにローマはナポリ湾のギリシア人の港ディカエアルキアを自分の商港ポッォリとした。すでにカエサルが、ついでアウグストス帝が人工港をオスティアに造ってこの変則状態を補正しようとしたようにみえる。しかし、この事業はクラウディウス帝によって、やっと実現することとなる。ネロ帝によって開港されたこの最初の港はやがてトラヤヌス帝によって二倍に拡張された。このようにして、オスティアとならんで、オスティアおよびローマと密接な関係をもって、「ポルトス」portus と呼ばれる港が発達した。

クラウディウス帝の港の碇泊水域はほとんど円形であり、その直径は一キロメートル台に及ぶものであった。それは海岸を基点にして築かれ、西側に人工の岬をもっていた。その岬の北側には防波堤があり、東側の別の防波堤と組みあって港を閉すようになっていた。海岸は南側にあった。記録によれば、二つの防波堤の間の入港水路は人工島によって二線に分けられていた。島は、カリグラ帝の時代にエジプトからヴァチカンのオベリスクを運ぶのに活動した巨大船に石を詰めて沈め、その上に造られていた。島の上に巨像が立っていて航海目標となっていた。巨像は開港記念のネロ帝のコインに、完全に認識できる。クラウディウス帝の港の跡に建設されたフィウミキノ空港の拡張工事のさいにおこなわれた最近の発掘は、カリグラ帝の巨船についての伝承の真実性を確証した。しかし、また、知られていないある時代に島が北側の防波堤に結びつけられたということも明らかにした。この碇泊水域は沖合の嵐に対してはよく保護されていなかった。なぜなら、六二年にそこに投錨していた二百隻の船が強い波を受けて破壊されたのだから。これを改善するために、トラヤヌス帝は陸地のもっと奥にはいったところに、直径七百十五メートルの六角形の碇泊水域を造らせた。それは外港の役を果すクラウディウス帝の港とつながっているとともに、多くの川船のおかげでローマに商品を輸送できるテベレ河ともつながっていた。碇泊水域をかこんで、柱廊、造船所、倉庫があった。倉庫はまた、オスティアの居住地に非常に多かった。これらの建物のおかげでローマはやっとその必要にこたえる港をもつことになり、都市への補給の役割のゆえに、その港は糧食官の権限下に置かれた(3)。この発展の大いなる犠牲者はポッツォリ港であり、客の大半を失うこととなった。

B　いくつかの他の港

一つの大きな商港は、カエサルとアウグストスとによって再建されたカルタゴ港である。古いカルタゴ人の諸港は活気を取り戻す。われわれの知り得るかぎりでは、一つの大きな商業用碇泊用水域が古い軍港の南に発展する。しかし、これは唯一のものではない。われわれは、いくつかの記録によって、都市の東海岸に沿っていくつもの碇泊用水域と岸壁のあったことを知っている。実際、アウグストス帝が商船に乗ってローマに向ったのは、ここからなのである。しかし、カルタゴ港のことはよく分っていない。

オリエントには、その機能によってローマの港の複合体に似ていなくもない港湾複合が存する。オロンテス河の諸港がそれである。この河の河口はつねに内陸平原の出口であったし、中央アジアにつながる大キャラバン・ルートの一つが終る地点であった。ヘレニズム時代に、密接につながっている二つの都市がつくられた。アンティオキアとセレウキア・ピエリアである。セレウコス王朝の首府であるアンティオキアはローマ時代においても活発な商港でありつづけ、河を上る小トン数の船および河を下る、あるいは隣接する水域から来る船を受けいれている。この港の必要性のために皇帝が少なくともアントニウス帝とヴァレンス帝の治世中に、河床さらえをしたということを、われわれは知っている。しかし、それにもかかわらず、大形船は大都市までさかのぼることはできなかった。それゆえに、ローマ時代になると、アンティオキアは、ヘレニズム時代の軍港であったセレウキア・ピエリア港を商業上の外港として使ったのである。セレウキア・ピエリアは河の沖積土とは無縁の山のふもとに掘られていた（古い以前の港は河そのものの中に位置していた）。この港は帝政時代に幾度も改修工事を受けた。最後の改修工事は四世紀中葉にコンスタンティウス帝によっておこなわれた。帝は山を切り開き、海をそこに導き、ペルシアに対して戦う軍に補給する船に安全な避難所を与えた、といわれている。残念ながら、港の全体の組織については今なおよく分っていない。

ローマ時代には、アルル港を例外として、新しい港は地中海につくられなかった。しかし、多くの港の改修工事はおこなわれた。この事業では、トラヤヌス帝の治世がとくに目ざましい。小さな海港セントムセラエに大改修を施し、よく保護された港（チヴィタ・ヴェキア）とし、アンコナ港に改修工事をし、小アジアの多くの港で工事をした……。[4] しかし、大して重要でない古い一つの港が全く目ざましい単一碇泊水域の港、古代の知った最も立派な港に変えられたのは、セプティミウス・セヴェルス帝のときである。トリポリタニア海岸のレプシス・マグナ港がそれである。この港は短期間の活動をしただけで、かなり速やかに捨てられたので、レブダ河の沖積土に覆われ、それゆえに保存された。イタリア人の発掘によって明るみに出たその港は、古代建築作業の典型的実例である。河の入口に位置し、小島のグループに守られている小港を新しい港に変えるために、技師たちはまず河の流れを変えることから始めた。ついで、小島を支点として、二本の防波堤を築き、その防波堤が広い水域をかこむようにした。一本の防波堤の端に燈台が建てられ、岸壁にそって柱廊が建てられた。それはとくに威信を示す建築であり、皇帝がこの都市の出身であることを世界に示すためのものであった。[5]

ガリアの海岸では、帝政初期に二つの主要港が存在した。湾の奥によく保護されていて、古い港の狭い入口だけで海とつながっている古代マルセーユ、および、オード河の河口の水域の港ナルボンヌである。ナルボンヌが帝政時代に大きな役割を果したとしても、われわれはその組織については、現代の調査にもかかわらず、なおよく知っていない。(6) 逆に、マルセーユ港の内部水域は、株式取引所地区の発掘によって今日ではよく分っている。しかし、マルセーユは帝政時代に、後背地方との関係をもつむずかしさから明瞭な衰微を見る。ガリアの発展とライン河軍隊の必需品は、経済的に新しい要求に対応することのできる港を求めた。その港は、アルルであった。使用可能の水域の真中のあるデルタの頂点に位置するアルル港は、海洋航路の終点であると同時に活発な河川航路の出発点であった。ローヌ河とソーヌ河を経由する河川航路は、セーヌ河流域、ムーズ河流域、ライン河流域といった遠隔地に商品が届くのを可能とした。港自体は、河の両岸ぞいに、河を渡るための船橋《ふなばし》があちらこちらで発達した。その重要性は非常なもので、四世紀になるとアルルは「トリールの港」というみごとな要約表現によって呼ばれ、これがアルルからほぼ千キロ離れていてライン河に近い皇帝の居所を示していた(7)〔トリールは西ドイツ西部のモーゼル河に面する都市〕。

大西洋のがわでは、三世紀までかなり大きな役割をつづけたガデス港を例外として、主要な港は河口港である。ヒスパリス（セヴィリア）は海からほぼ百キロメートル離れていて、船は自力で、あるいはスカファリイ scapharii と呼ばれる小舟に曳かれてバエティス河をさかのぼって、ここに着く。ブルディガラ（ボルドー）はジロンド湾の奥、ドヴェーズ河の小さな河口に位置し、ガロンヌ地方の商業の出口であり、スペインおよびブリタニアと関係をもつが、ジロンド湾の堆積砂によって、また恒常的に河口から出ることを許さない風のメカニズムによって、活動を妨げられている。ロンディウム（ロンドン）は、比較的海から離れているにもかかわらず、ブリタニアの経済的中心である。

2 船

多くの表現物、とくにレリーフとモザイク（中でもオスティアの組合広場のモザイクとチュニジアのアルティブロスのモザイク(8)）によって、われわれはローマ時代の船を知ることができる。それらの船は形においても、推進手段の構造においても、互いに異なっている。それらの船はトン数においても異なっているはずであるが、表現されたものは非常に概略的なイメージをもつことしか許さない。

A 不均斉船

これらの船は、前部と後部の間の形の違いによって特徴づけられている。一般に、これらの船は多少なりと引き伸ばした木靴《サボ》の形をした船首材をもち、その端は時としてまぎれもない装飾衝角となっている。というのは、これらは商船であるから。同様に、波切りは船首材の上にかなり高くそびえ立っている。船尾は丸い。しかしその反《そ》りは船の種類によって多少とも強調されており、その結果、船尾材はほとんど垂直に見えるか、立ち上っているようにみえる。この種の船は、アルティブロスのモザイクによれば、大きさと役割に応じてある数の名前をもっている。こうして、われわれは、簡単な

図20　ポント？

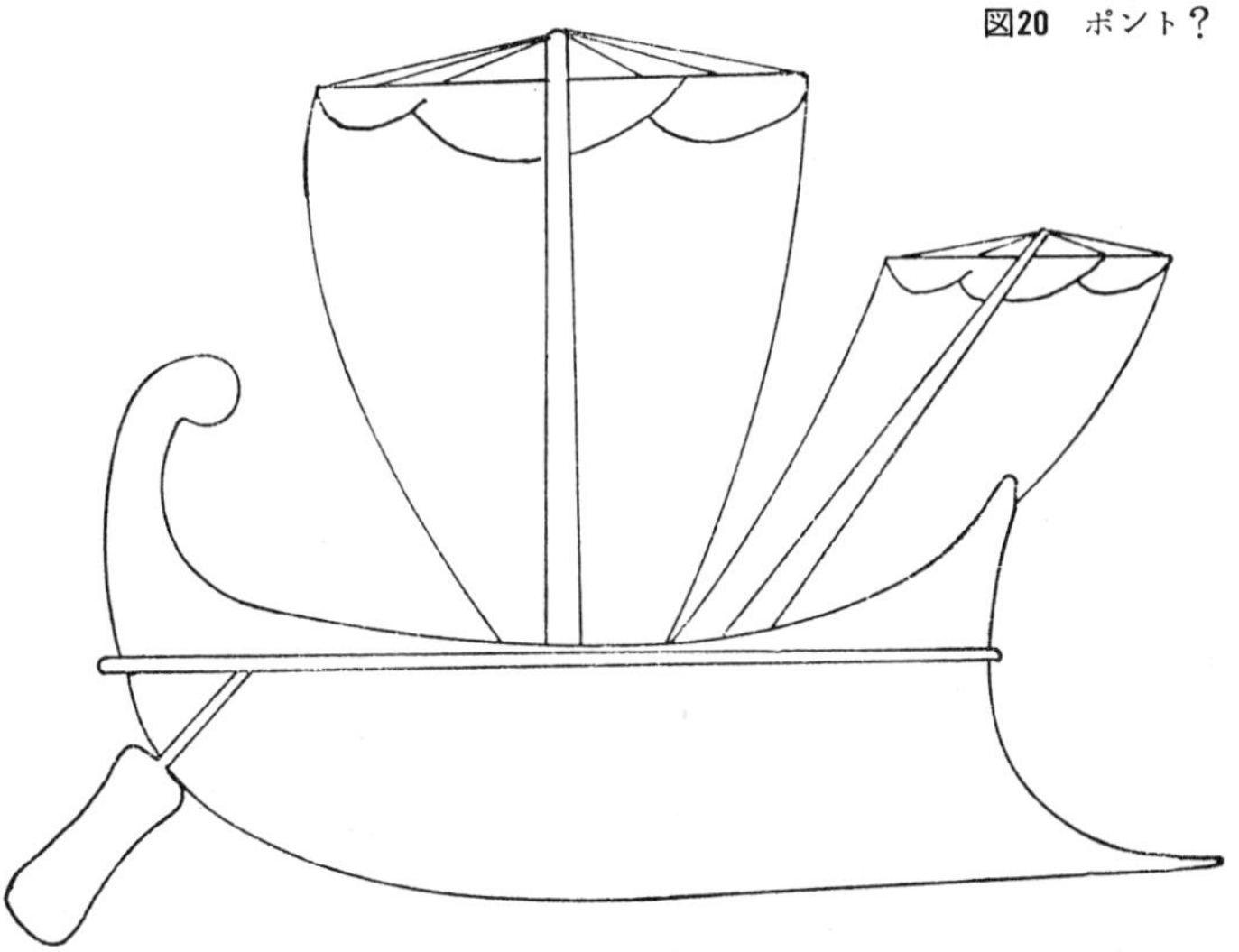

櫂船（ratis《ラティス》, stlatta《ストラッタ》, musculus《ムスクルス》……）から、複合推進力の岸沿い航法の船（actualis《アクチュアリス》）およびこれまた二重推進力の速い船（catacopiscus《カタコピスクス》）を経て、二本マストの大形輸送船（ponto《ポント》）を見る。この大形輸送船はしばしば他の記念物にも、とくにオスティアのカラリス人（サルジニア）とスレクトン人（チュニジア）のモザイクに描かれている。しかし、難点が生ずるのは、われわれがアルティブロスのモザイクのデータとテキストのデータとを比べてみるときである。モザイクで与えられている名称を用いて記念物に表現されているみごとな商船「ポント」は、テキストの「ポント」とは一致しない。後者は、ガリア起源の船で、一種の川の平底船であって海洋船ではない。では、テキストとモザイクのどちらが正しいのであろうか。ガリア起源の船が地中海を征服して、通商航海のために最も使われた船のタイプを記念物で示唆するほどに

なったということは、奇妙にみえるので、なおのことである。

しかし、これは不均斉の船の唯一のタイプではない。スレクトン人のモザイクのように記念物に示されていて、アルティブロスのモザイクに示されていない、したがってその名がわれわれに知られていない、もう一つのタイプがある。それは、船首材の反りの直径が船尾材の反りよりも大きい船である。また、その船の船尾は船首よりもずっと高く水面上に伸びている。もっとも、このタイプと均斉のとれた船とのあいだには、記念物の解釈のむずかしさという問題はあるものの、比較的にいってほとんど違いはない。

B 均斉船

アルティブロスのモザイクにもどると、われわれは均斉船の中の最も古典的なもの、すなわちコルビタ corbita のあらわれるのを見る。コルビタという名称は、この船がコルビス corbis（籠《かご》）に似ているところから来ているようにみえる。それはまぎれもない丸い船で、船尾は船首と同じ高さをもち、後者とのちがいは装飾だけである。正確に中央にマストがある。ただし、モザイクでは、帆も帆桁もついていない。そこで、この特定の場合についてわれわれは、コルビタは、言葉の語源的な意味ではホルクス holks、すなわち曳かれる船ではないかと問うことができる。しかし、コルビタの多数の図は、これが少なくともポントのタイプの船と同じように使われていたことを示している。この船の最も注目すべきものの一つは、議論の余地なく、ナルボンヌのレリーフに表現されていて、エスペラン

図21 コルビタ

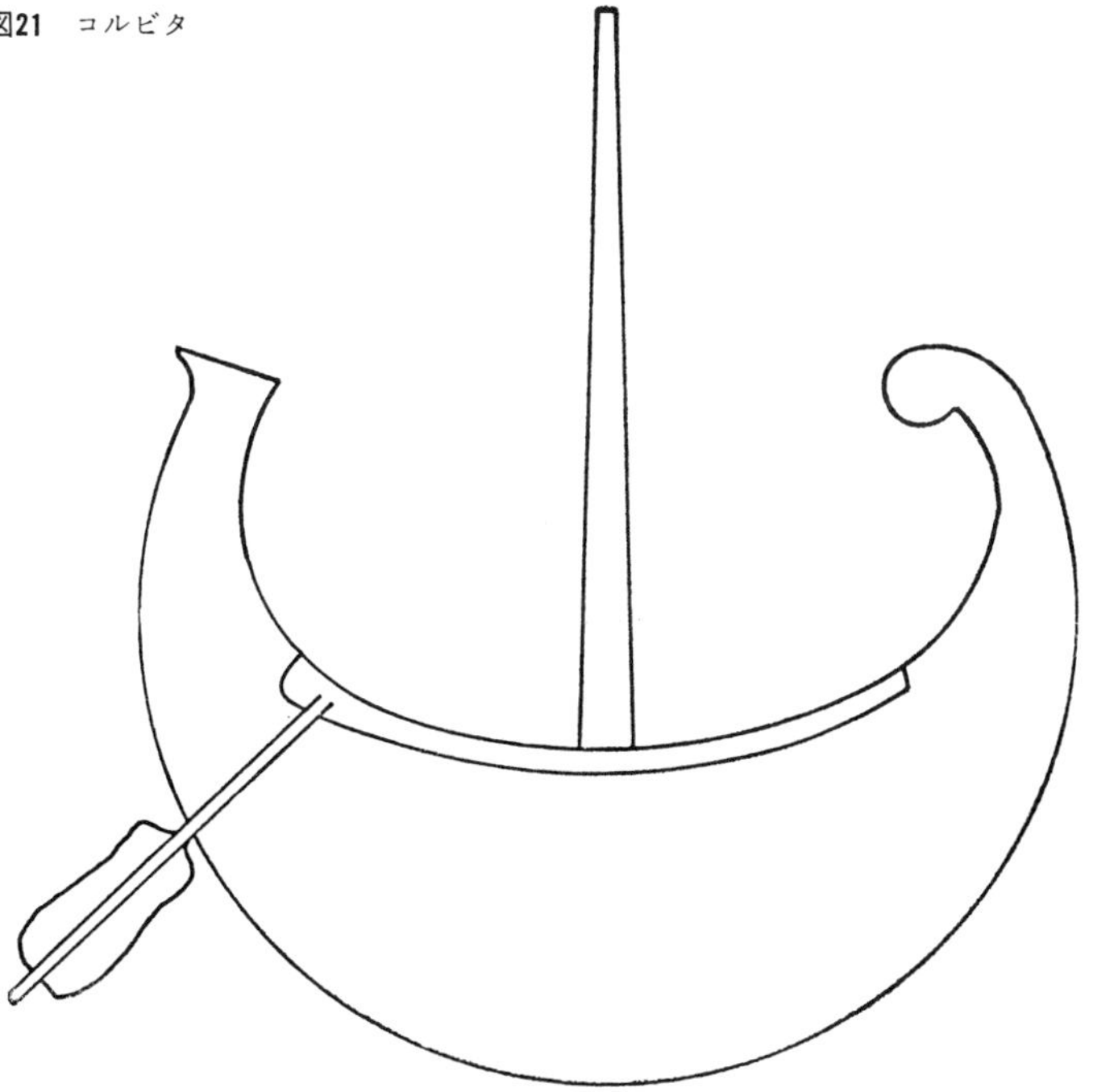

ディユーが奇妙なことに漁船と格付けしたあの船である。(9) この形は大形船の専用ではない。モザイクは櫂で動く均斉船を示していて、テッセラリア tesseraria という名称をこれに与えている。ところで、そこにいささか驚くべきことがある。というのは、セネカによれば、それはアレクサンドリアの小麦船団に随伴し、イタリアの港の官憲に到着を知らせに来る速い速度の船の名称であったのだから。もっとも、モザイクは不均斉船のテッセラリアをもまた示している。ただし、これは常にきわめて小さい櫂舟である。お分りのように、モザイク史料の用語法は当分のあい

図22　シドンの船

だは解決が不能である問題を出している。

しかし、丸い船の完全なタイプとならんで、われわれは、議論の余地なくこのカテゴリーにはいる船の一連の系列をもっている。それらの船は均斉度が完全でないとか、後部が前部よりも高いとか、あるいはその反対であるとか、さらにまた装飾についていえば、船首と船尾にちがいがあるとか、の事情があるとしても。こうして、例えば、幾度もわれわれが言及したシドンの船は、均斉船であるとともに不均斉船でもあるとみなすことができる。前部は後部ほど高くなっていない。後部の端は海のほうを向いた頭をもつ突出部になっており、前部は棍棒の形で傾いている装飾部となって伸びている。

C　船の専門化

原則として、古代の船は、ローマの船の場合も他の船の場合も、専門化を知らない。そのため、現代の商船に比ぶべきものは何も存しない。同じ船が商品と旅客とを運ぶのである。旅客専用の船としてわれわれの知っているものは、ただ一つの、それも非常に短い航路、すなわちブルンディシウム〔南西イタリアの都市〕とディラキウム〔ギリシアの都市〕との間の航路を行き来する船の場合だけである。たぶん、この用途のためには、小形の船が使われた。(10) 船の専門化をもたらすものは、したがって船主の意思であり、彼が命令的に、または暗示的に、船をこの用途、あの用途というふうにきめるわけである。とはいえ、これらの輸送の特殊な性格のゆえに、テキストと記念物がわれわれに示すものはいくつかの専門化した船だけである。まず第一に、ヒッパゴーギ hippagôgi がある。これは、馬の輸送を受けもつ船であって、中世の huissier《ユイシエ》(騎馬輸送船)に比べることができる。なぜなら、この船は同じ用途をもち、たぶん同じ特徴をもっているから。船の脇腹には一つの戸口があけてあり、これは船橋に変って動物の乗船と下船に奉仕したにちがいない。同様に、サーカスのために野生動物を運ぶ役を負う船は専門化した船であったにちがいない。なぜなら、この船は特別の装備を必要としたから。最後に、テキストによって最もよく知られている船はラピダリアエ・ナウエス lapidariae naues であり、これは細工した石または細工していない石を運ぶために使われた。実際、石の商売はローマ時代に非常に発達した。そのことは、記念物の建造に要する材料が何であるかを調べてみれば、すぐに分ることである。(11) これらの船は、その堅牢さによって、およびその代償たる遅さによって、違いを示していたはずである。

3　港と船の人員

ローマ時代の通商航海は帝国の経済生活にとって非常に重要であるので、極度に多数の人員（それも一般的にいってかなり貧しい地位の出身者であった）を養うこととなる。この人員は碑銘学のおかげで、また法律条文のおかげでとくにわれわれに知られている。したがって、われわれがこれから示すものは手短かな一覧表であって、当然のことに、これらの問題について専門家が示しているすべての対立議論を考慮にいれることはできないであろう。

A　港の人員

われわれの知識はとくにローマの港と関係している。しかし、この領域においては、われわれはすべては比例の問題であることを念頭においた上で拡大解釈する権利をもっている。

何がしかの重要性をもつすべての港において、われわれは当然のことにファブリ・ナウアレス fabri nauales すなわち船大工を見、また造船に関係する他のすべての職業、すなわちストッパトレス stuppatores（填《まい》絮《はだ》職工）、ウエラリイ uelarii（帆造り職人）、航海に使う綱と器具を造る職人、船に浸水があったさいに船倉の水を除く役を果すポンプを造る職人、などを見る。大きな港にはあらゆる輸送業者がそろっていて、彼らによって船を投錨地点まで曳いてゆくことも、風を受ける沖合まで船を導いてゆくことも、船が港の水域内で投錨してとどまらねばならないとき、または港が外国船の碇泊できる碇泊地であるとき商品を積みかえることもできる。これらの人はすべて、彼らの使う船に基づいてスカファリイ scapharii、リントラリイ lyntrarii、レヌンクラリイ lenuncularii と呼ばれている。ついで、波止場人足という人口があり、それは背中に荷をかつぐサッカリイ saccarii とバイウリ baiuli、各種の板を用いて荷をかつぐファランカリイ phalancarii に分れる。最後に、ウリナトレス urinatores（潜水夫）があり、彼らは港の底に落ちたものを拾いあげる。

これらの肉体労働者のほかに、港は確認と監視のための人員を持っている。まず第一にメンソレス mensores（計量者）があり、彼らは積荷の正確な内容を確かめる。ある者はボワソー枡と、枡に一杯になった物をならす定規を用いて穀物を計り、たぶんメンソレス・マキナリイ mensores machinarii と呼ばれる他の者は他の商品を計量する。いわば宣誓して任官したこれらの積算士は、計量されたすべてのものの正確な計算をするタブラリイ tablarii（計量書記）に補佐される。商品が直ちに運び去られないときは、商品はホルレアリイ horrearii の監視のもとにホルレア horrea（倉庫、家具倉庫、金庫）に保管される。そこにもまた、入ってくる商品と出てゆく商品を計量するタブラリイという人員がある。これらの人びとが小さな港では個人的で未組織の労働者であったとしても、大きな港では彼らは自由事業家の経営する大きな個人企業に属している。自由事業家は彼らの指揮下に解放奴隷や奴隷だけでなく、悪いシーズンには乞食をしたりして何とかやりくりして生き、好いシーズンをよろこぶ貧民をもまたかかえていた。

しかし、港はまた行政の場でもある。わずかなりとも重要な港においては、都市当局に属する港務官事務所がある。それは港の秩序を監視し、投錨地点を指定し、出船入船の計算をする。さらに、都市のために税を、すなわち港税と関税を徴集する財務関係人員と地方によって変るポルトリア portoria（港税）を国家のために徴集する財務関係人員がいる。後者の場合、たとえば、アルルにおいてはガリア四十分の一税を担当する職員がある。この税は、軍用の商品を例外として、すべての商品に帝国のために徴集するアド・ウアロレム税 ad ualorem である。最後に、オスティアと他のいくつかの港においては、糧食官に属する人員がいて、一年分の糧食の積荷と荷下しを監視し、輸送業者に支払いをし、領収証を発行する。船乗りたちの嘆きを信ずるなら、行政事務はこせこせしていて、のろのろしたものであった。

B　航海する人員

ローマ時代の船の乗組員について、われわれはそれ以前の時代の場合よりも少しばかり良く知っている。それは、それより過去の場合よりもはるかに数が多く、かつずっと専門化している。これは、ヘレニズム時代に生じた変化の帰結である。海では乗組員は一体となり訓練をつんでいる。少なくともこれが三世紀にピロストラトス〔ギリシアの思想家。一七五―二四九〕の記した理想である。(12) しかし、他のテキストによれば、これはいつも実現していたというのには程遠い。

船乗りは大形船では三つのグループをなしている。まず、序列では最下位に位置するレミゲス

remiges（漕手）。彼らはランチの乗組員を構成し、ランチを使わないときには専門でない仕事の要員として、とくにポンプを操作する要員として使われる。漕手の上にはメンソナウテ mensonaute（中間水夫）がいる。彼らの役割についてはよく分っていない。最後に、乗組員のエリートはナウタエ nautae（水夫）で構成されている。彼らは錨と帆を扱い、図像ではとりわけ甲板水夫として示されている。

この三つの乗組員の上に司令部があり、これは見間違うほどに前時代のものと似ている。すなわち、グベルナトル・クベルネテス（航海長）とプロレウテ（副長）とケレウステまたはパウサリウス（掌帆長）という三つの役割がまたしてもそこに認められるのである。この司令部と同一に扱ってよい別の二つの職務の人がある。その第一はトイカルコス toicharchos で、われわれはギリシア語形でしかこの名称を知っていない。これは旅客との関係を担当する人であるようにみえる。この職務の人は一船あたり一人しかいない（したがってこのことについて以前に私の書いたものは誤りである）[13]。第二は、ディアエタリウス diaetarius すなわちディアエタ diaeta の人、したがって船室を占める者あるいは船室と関係をもつ者である。これは比較的重要な人物であるようにみえるので、船の記録を職務とする書記であるにちがいない。

ここでもまた、要員徴募のやりかたはさまざまであり、その職務の求める能力に応じて異なる。ある人びとは一航海のために乗船し、悪いシーズンに下船する。船主は彼らについて何の配慮もしない。他の人びとは船主に長期間奉仕する。彼らが奴隷であったということも可能である。いずれにせよ、船乗りは非常に悪い評判をたてられている。彼らは港に着くや否や、旅の長さと従属状態に対して取りかえしをする人びとであるからだ。水夫用淫売屋は港の特徴であり、船乗りは港では酔っぱらうことと放埓なことで区別がつくのである。

C　水先案内人とマギステル・ナウイス

ローマ時代の船はしばしば、過去の場合と同じ特徴をもち、したがって同じ問題をかかえた水先案内人をそなえている。はじめその名称は、ナウイクラリウス nauicularius という姉妹語をもっていた。かなり早くこの単語は非常に特殊な意味をもつに至った。その特殊な意味については、やがてわれわれが考察することになろう。しかし、法律上の文章および他のいくつかの碑文は、過去においても現在においても歴史家と法制学者との間に熱い議論を生む別の一人物を示している。マギステル・ナウイス magister nauis がそれである。考えかたとしてはもっともらしく見える一つの仮説は、これは船主をさすと見る。しかし、それは不可能である。私の知るかぎり、この説が支持されたことは一度もない。船主はドミヌス・ナウイス dominus nauis であって、それ以外の何ものでもない。それにまた、マギステル・ナウイスは船主に属している人として、また乗船している人として、われわれの前にあらわれている。真の問題は、彼とグベルナトルとの関係である。実際、文学上のテキストはグベルナトルを、しばしばマギステル・ナウイスとみなしており、これにならって幾人かの現代の著述家も二人の人物を混同した。しかし、言葉におけるこのような混同は古代の技術上のテキストには存しない。

この混同は非常に遅れた時代、六世紀ごろになってしか、あらわれない。[14] 現実には、マギステル・ナウイスは船の経済活動に直接間接に関係するすべてのことに責任をもつ人物のことである。その責任とは、積荷についての責任、旅客との関係についての責任、その他もろもろの責任である。その結果、真の問題は、グベルナトルがマギステル・ナウイスより上であるのか、あるいはその逆であるのか、あるいは、グベルナトルとマギステル・ナウイスはそれぞれ独立していて、それぞれが自己の行為に関して、すなわち一方は海上での行為に関して、他方は寄港地での行為に関して主人であるのか、という問題である。L・カッソンの断定[15]にもかかわらず、私は、二人の人物が船の経営者すなわちエクゼルシトル exercitor に、すなわち船主に属することにおいては連帯し、しかしそれぞれの活動においては独立性を持つ、とする説[16]に与《くみ》する。

4　海洋貿易の組織

船主に関する問題は、本質的には法律上の問題である。大部分はこの短い研究書の枠を外れるものであろう。それゆえ、われわれは海洋貿易の古代の構造の存続、帝政時代の海洋輸送の壮大な要求に対応する新しい構造の出現またはその発展という事柄に重点を置いて述べたいと考える。

A　古い構造

ヘレニズム時代の古い構造は存続し、帝政の全期を通じて存続した。すなわち、岸ぞいに港から港へと航行するまぎれもない行商をおこなうエンポロイを、われわれは引きつづき見るということである。同様に、ナウクレロイの活動も存続している。これらの人びとの商業の重要性がいかなるものであるにせよ、やはり当時としては小さな商業である。この通商航海はナウチクム・フェヌス nauticum fenus（大冒険への貸付け）の実施によって生きている。ナウチクム・フェヌスの方式は法律上のテキストの中にくわしく検討されている。ギリシア人の貸付けの本質的性格、すなわち、船の喪失のさいに損失は貸付人によって負担されるという性格を保存しつつも、貸付けの方式は著しく変った。実際、利子は航海の危険度あるいは航海の長さに比例するものではもはやなく、それ以後は固定していて、貸付金の三分の一に定まっている。過去の場合と同じように、借り手が一たん港に着くと、しばらくのあいだ利子は借り手のがわに預けられたままとなる。借り手が積荷を処分し、借金と利子を返済するためである。この猶予期間がすぎると、合計額はムトゥム mutuum、すなわち原則として一二パーセントの率による通常貸付けとなる。あるいは、貸し手は当然の支払いを得るために裁判所に訴える。大形船が近付けない小さな港で活動し、岸ぞいの航行を併用する船を活用するのは、このタイプの商業である。この古い構造が六世紀に、すなわち帝国の大危機の後と西方で帝国が消滅する前に、ある盛り返しを見たというのはあり得ることである。なぜなら、西方と東方の教会の大神父たち、たとえばアウグスチヌスとかヨアネス・クリソストム〔ギリシア教会の説教者・聖人。三五四ごろ―四〇七〕とかによって、そしてまた教会の神父以外の者によって書かれた著作物の中に一般的に描かれているのは、この古い構造である。実際、アンティオキアの異教徒の大演説家リバニオス〔三一四―三九三ごろ〕の作品（彼の書簡集も含めて）はこの慣習についての言及にみちている。そこに、時代の現実とかかわりのない文学的作品のみを見るというわけにはゆかない。同じことの描写について、共和国末期と帝国初期の著述家の作品、とくにホラティウス〔ローマの詩人。前六五―前八〕の作品の場合には、人びとはしばしばそういう扱いをしたのであるが。

B　新しい構造

われわれは、一方で商業上の構造を、他方で海洋上の構造を考察しなければならない。実際、都会の非常に大きな人口集合地の存在によって、また何よりもまずローマの広大な市場の存在によって必要とされた非常に大きな商業の発展とともに、古い構造とは違っている構造の出現するのが見られる。一方で、しばしば専門化している大商業企業がつくられる。それはネゴチアトレス negotiatores（卸し商人）の企業であり、ネゴチアトレス・フルメンタリイ negotiatores frumentarii（小麦の卸し商）、ネゴチアトレス・ウイナリイ negotiatores uinarii（葡萄酒の卸し商）その他がある。この大商業と並行して、海洋輸送の大企業が発達する。それは船主の企業である。船主は船をもち、彼に従属するすべての人員を介して利益をあげる。彼らは大きな港に代理人を置く。彼らはかくかくの輸送を専門とするというわけではなく、提示されるすべてのものを彼らの船に積載する。しかし、財政的に堅固であるこれらの船主は一年分の糧食の輸送については契約を結ぶ。国家に対する奉仕の見返りとして、彼らはナウルム naulum（輸送賃）ほかにいくつかの法律上の特典を受ける。すでにクラウディウス帝の時代に、皇帝が「ユニア家のラテン人」と呼ばれる者に対して、すなわち船をローマの用に供する不正規の解放奴隷に対して、ローマ市民権を与えるのをわれわれは見る〔ユニア家はローマの勢力ある家系〕。ついで、この特典は増大した。このことは、国家が彼らを必要とした度合いの大きさを示している。しかしまた、船主の構造も変化していった。アントニヌス帝の時代〔一三八―一六一〕に、われわれはもはや個々の船主の存在を見ないで、船主団体の存在を見る。この船主団体は一方に活動会員を、すなわち事業に直接に関与し国家から与えられる特典を独り占めする人たちを含み、他方に名誉会員を、すなわち匿名会員、事業に投資することで甘んじ、その見返りとして特典の一部に対して権利をもつ人たちを含んでいる。この財政方式のゆえに、船主は小さな商人と小さな船の持主に海洋貸付けをする必要がなくなっている。

この国家への奉仕、国家が船主に与える特典は両者の関係に変化をもたらした。この変化は四世紀に頂点に達する。そのとき、とくにテオドシウス法典に見られるように、引きつづき自由企業人であり、あるトン数の船の所有者である船主は、一年分の糧食のために二年に一度の航海をして国家に奉仕しなければならない。しかし彼らはまた土地所有者でもあり、土地から上る収益あるいは少なくとも彼らの土地の価値は、彼らの奉仕のゆえに国家から保証される。彼らに対する国家のこの心遣い（そういう表現をすることができるなら）はさらに深くなってゆく。彼らは引きつづきいくつかの法律上または財政上の特権を受けるがゆえに、その役割を放棄できなくなる。そうでなければ、彼らは役割に付帯している財産を放棄しなければならない。もし彼らの船が国家の荷物を積んでいて難破するようなことがあるなら、難破の事実を確かめるために乗組員の一部が拷問にかけられなくてはならない。そういう事情のゆえに、キリスト教の偉大なる司教であり神学者であったアウグスチヌスは、四世紀末に、教会会衆の大いなる批判を受けつつも、教会が船主の遺産を受けとるのを拒否したのである。(17)

C　法律上の慣習

しばしば想像されているのとは逆に、ローマ世界に法律上の統一はない。海洋法の分野においても事は同じである。とはいえわれわれは、いくつかの海洋上の慣習の残存の証拠をもっている。たとえば漂流物に関する慣習である。この場合、ある地域においては海に投棄された荷物はそれを発見したものの所有となるようにみえ、他の地域においてはそれは国家に帰属し、最後にまた別の地域においてはそれは依然として本来の所有者に属するものであり、これを取ることは盗みとみなされるのであった。しかし、徐々に海洋法の統一化がおこなわれた。(18) ロードス法と呼ばれるものはこの統一化された法である。その法がロードス島の古い慣習に由来してローマ法に導入されたにせよ、あるいは地中海の航行およびその歴史におけるロードス島の重要性に敬意を表してこの名を法に与えたにせよ——。われわれはこのロードス法を、航海と同じほど古い投棄とその結果の慣習に関連して特に知っている。

この慣習は、船が危険に陥ったとき、船を救うために積荷の全体または一部を海に投棄するということである。この投棄を命ずることのできるのはグベルナトルだけであり、この命令は救われた船の船主だけの責任となる。そのあと生ずる法律上の問題は、船主を一方とし種々の荷主を他方とする両者間の損害の配分をいかにするかということであり、また、商品が救われた荷主に対して、船主がいかに策をめぐらして、その商品を船主と他の荷主の損失に寄与（これが正確な技術的用語である）させるかということにある。

他のかずかずの責任問題は船の前提条件によって定まる。船主は彼のグベルナトルとマギステル・ナウイスに対していかなる種類の輸送が課せられるかを明示することができる、とわれわれは述べた。もしこの前提条件が尊重されないならば、そして、そこから法律上の紛争が生ずるなら、前提条件を示した者はそれを示された者の行為に拘束されるのだろうか。同様に、海洋貸付けの契約がなされ、慣習に反してマレ・クラウスム mare clausum（閉された海）の時期に出航して難破したとき、海洋貸付の喪失の条項は機能するのだろうか。後者の場合、答えが否定であることは明らかであるが、前者の場合には議論される点があったようにみえる。これらのいくつかの例のほかに、外国へ戦略物資（現代の用語でいえば）を不法に輸送した船の場合を、加えることができる。実際、力ある敵が戦争となった場合に用い得るある数の品物を輸出することは禁止されている。その品目は、研磨用の石、金属、ついで小麦と貴金属である。きわめて重大であるこの点の違法行為は国家に対する叛逆とみなされ、経済次元では船とその積荷の押収によって罰せられた。

5　通商航海のルート

これらのルートは二つの要素に依存している。出発点と到着点については、経済的要素すなわち需要と供給という要素である。航路については、海洋上の要素、本質的には風のメカニズムという要素である。

A　ローマの役割

帝国の海洋輸送の全組織はローマの政治上・経済上の役割に従属していた。この状況はコンスタンチヌス帝がコンスタンチノポリスの建設によってローマ世界の首都、事実上の世界の首都という役割をローマから奪うときまでつづく。ローマに向ってすべての大きな海洋ルートが集まっている。ローマに向って、すなわちまずプゾレスに向って、ついでポルトスに向ってである。これらのルートのうち、最も有名なものは伝統的にアレクサンドリアの小麦艦隊と呼ばれるものによって象徴されるルートである。ネロ帝の時代からローマに補給される穀物の主体がアフリカ産物となっても、その状態はつづくのである。このルートの問題は、まさに地中海の季節風の存在のために、多数である。この季節風の規則的性格が確認されるまでは、船団がローマに向うとき、航海はクレタ島の南岸を経て進む中間ルートでおこなわれた、と考えてよい。季節風の利用時代には二つの可能性があるにちがいない。

一つは、陸風と海風の交互に吹く作用（その影響は岸から約二十キロのところまで及ぶ）を利用してアフリカ海岸をゆくという可能性。他の一つは、ロードス島海域まで北上して西方地域に苦労して達するという可能性。オリエントとアジアのルートが結びつくのはこの大きなルートにおいてである。西方に向っては三つの大きなルートがある。まず第一に、アフリカ・ルート。これは地方総督地域（カルタゴ地方）を出発してサルジニアの東海岸に達し、これに沿って進んだのち、イタリアの港に向って航行するルートである。次は、さまざまの修正ルートをもつスペイン・ルート、最後にガリア・ルート。スペイン・ルートは大西洋岸のガデスから、あるいはその地方の中央部または北部から、すなわちマラガ、カルタゴノヴァ、タッラコ（タッラゴナ）、あるいはその地方の他の港（デルトサ、エンポリアエ）から出発する。第一の場合には、最もしばしばルートはジブラルタル海峡を渡ったのち、南のコースをとり、サルジニアの南に達し、そこからアフリカ・ルートに結合する。第二の場合には、船は中央線をとり、コルシカとサルジニアとの間のボニファシオ海峡を通る。それゆえ、そこが船のまぎれもない墓場となったのである。ガリア・ルートでは、第一のものはナルボンヌを出発し、スペイン・ルートの北ルートに似ている。すなわち、それはボニファシオ海峡に向って進む沖合のルートである。第二のものは、アルルまたはマルセーユを出発し、コルシカに達し、ついでエルベ島を経てイタリア海岸に着く。

ローマがローマ世界の万国市場であることを誇ることができるのは、これらの大きな海洋ルートのおかげである。ローマの港の繁栄と富をもまたもたらす再輸出貿易を可能とするのは、これらのルートである。この貿易はなおも四世紀のはじめに存続している。なぜなら、ディオクレティアヌス帝の「最高価格に関する勅令」の海洋関係の断片に、ローマからいくつかの地方に向う商品の輸送料が示されているから。

B　地中海の外のルート

ローマ世界の生活において西方地域の役割が発展するのに伴って、大西洋ルートと英仏海峡・北海ルートは大きな重要性をもった。これらのルートは地中海ルートと結びついていた。ジブラルタル海峡によって、あるいはガリアの諸地峡（ガロンヌ河、ロワール河、セーヌ河の谷）によって、あるいはローヌ河＝ライン河軸によってである。そこには、しかし、地中海産物がガリアにまで拡がったことについての研究のさいに、ほとんど解決不能の問題がある。たとえば、ロワール河中流の国にイタリアの葡萄酒壺をわれわれが見るとき、それは大西洋とロワール河下流を経て来たのであろうか。それとも、ローヌ河経由で、そしてわずかな距離の陸送ののち、ロワール河上流を経由して来たのであろうか。いずれにせよ、大西洋の港の重要性は、イベリア半島をガリアの大きな河川とブリタニアの諸島とに結びつける海洋航海の重要性を証明する。しかしながら、ここでまた一つの問題がほとんど未解決のままである。R・ディオンの研究は、大西洋から英仏海峡にはいる古代の航海に伴う困難を示した。(19) ブリタニア周航はまぎれもない探検として描かれているので、われわれとしては、互いにほとんど完全に独立している二つの航海領域があったと考えるべきであろうか。それを肯定する、あるいは否定する材料は何ひとつない。

古代世界の他の端では、ローマ時代は、アラブ人の仲介以外に、帝国と東方および極東との直接接触が発展するのを見る。この貿易は、不機嫌で伝統的な精神の持主である大プリニウス〔ローマの著述家。二三―七九〕の非難するところとなり、これは帝国の貿易バランスをくずす贅沢品の輸入貿易一辺倒であり、そのことは経済的衰弱の原因である、と彼は述べた。たしかにこの貿易は輸入貿易であったが、しかし輸出貿易でもあった。このことは、これに関係する文献の中の最も著名なもの、『エリトリア海航海記』が示している。この航海はいくつものルートを知っていた。岸ぞい航海のルート、ついで『航海記』の描いているルート、さらにまた、地中海人がたぶんキリスト紀元の初期に季節風の構造を知ったときいらいの、インド南岸すなわちマラバル海岸から直接にアフリカ海岸に至る直接ルート。マラバル海岸から、この貿易はパルガトの狭い通路を経て半島の東岸に達する。ここにエンポリオン〔商館〕があって、これが、有名なアリカメドゥ[20]に当るポンディシェリから程遠からぬ地、マレーシアと中国に向う航海に中継点としての役目を果すのであった。

C 航 海

三段櫂船に関連する場合は別として、われわれはこれまで古代の船の速度について一度も語らなかった。この明瞭な忘却は意図的である。実際、帆船の速度という表現は、とくに古代に関して何を意味するだろうか。木靴《サボ》のようなボロ船が良い風を受けるとき、不利な風のもとに行く上質の帆船よりも速い航行をするであろう。したがって、語るべきことはむしろ航海の長さである。しかもその場合にも、一般化しないという条件付きである。ところで、いくつかのテキストは、とくに文学上のテキストはこの件に関していくつかのデータを与える。

大プリニウスの時代における航海のレコードはプゾレス＝アレクサンドリアのルートでは九日間の航海（たぶん季節風を利用した）であり、シチリアからアレクサンドリアに至るルートでは六日間の航海であった。ガデスからオスティアまでは七日間、山のこちら側のスペインすなわち大ざっぱにいってマラガとエンポリアエとの間に含まれる港からオスティアまでは四日間、アフリカからオスティアまでは二日間、ナルボンヌ地方から（しかしどこの港からであるかは不明）オスティアまでが三日間であった。さらにまた、同じ時代に、クレタ島からキレナイカに至る航海は二日間であった。これは速やかな到達距離であって、この二つの地方が長いあいだ唯一つの州をなしていたことの説明となる。しかし、これらはレコードである。実際には、航海はずっと長いものであった。とくに、嵐によって迂回させられるという不幸に会ったとき、あるいは、たぶんもっと悪いことに、海洋のまっただなかで無風のために動けなくなるという不幸に会ったときに、そうであった。他方、すべては岸ぞいの航海をするか（聖ヒエロニムスの弟子である聖女パウラは四世紀にローマからアンティオキアへゆくのに約八カ月をかけた）、あるいは直行の航海をするかによって異なる。(21) したがって、古代においては、他のすべての時代におけると同じように、港を出るときには、いつ出発するかが分っているのに、いつ目的地に着くかは分らない。これは時として好都合となることがある。ユデアア・ペトロニウスにとって、カリグラ帝暗殺の知らせをのせた船がカエサレアに着いたあとに、ペトロニウスを殺せというカリグラ帝の命令をのせた船が着いたというのは、幸運だったから。

6　古代航海の終焉

軍船の場合と同じように、末期ローマ帝国は通商航海に確実な衰弱をしるしづける。この衰弱は、法律上のテキストだけでなく、また文学上のテキストを通じてもあらわれている。統治権力の欠如のために、海賊のような損害の多い古い慣習が再び湧き出し、難船に関する古い法が海岸の所有者によってその最も厳格な形で実行されることとなったので、航海は再び妨げられる。衰弱はまたかなり研究のむずかしい現象によってもあらわれている（なぜなら、それは原因であるとともに結果でもあるから）。それは領地というよりは（領地の自給自足はローマ世界では常に存続した）地方のある程度の自給自足傾向、したがって交換商業の減退傾向ということである。前面にあらわれる他の諸原因は次のようなものである。ローマの人口減少、帝国の人口減少。それらはすべて事実である。地中海貿易軸の放棄とこれに代るドナウ河軸の登場は、今日ではしばしば言及される原因なのであるが、私はこの原因を大して信じない。他の原因は、この時代の固有のものではなくて、船主がしばしば直面する行政上の争いで、そのことのゆえに彼らは職業を捨てるのである。法律上のテキストがわれわれを助けてくれるのは、この部門においてである。これらのテキストは、一年分の糧食輸送の必要のために徴発できる船の最低トン数が絶えず減少していったことを示している。最後に、蛮族もまた事情変化に責任の一端を持った。たとえば、ヴァンダル族はアフリカ艦隊を奪ったがそれを維持することができなかった。

こうして、徐々に地中海は大形船の欠けた空間となり、せいぜいいくつかの小形船がなおも経済関係の最低限度を維持する。このことは、とくに地中海の西部水域についてはあてはまる。東部水域では、事態はそれほど破局的ではない。たしかにそこでも、われわれがいま分析したばかりのすべての要素が作用した。しかし、その規模は小さかった。たとえば、コンスタンチノポリスへの補給は依然としてエジプトの生産に依存していた。その結果、トン数の維持がなされた。たしかに減少はあったが、大して目立つほどではなく、回復はかなり早かったようにみえる。ところが西方では！　回復には長い歳月を待たねばならない。なぜなら、テオドリクス〔東ゴート族の王。四九三年にイタリアに東ゴート王国を建て、五二六年まで統治した〕の企てを回復とは呼べないから。われわれがH・ピレーヌの有名な説(22)から著しく離れていることに、皆さんは気付くはずである。その有名な説によれば、蛮族の征服は地中海貿易に大して影響はもたず、この貿易はアラブの征服のときまで維持される、というのである。私の考えでは、少なくとも西方においては、大貿易はずっと前に死滅しているのであって、メロヴィンガ王朝時代のマルセーユに胡椒《こしょう》やパピルスの倉庫(23)があるということは、大貿易残存の証拠となり得るものではないのである。

第十一章　航海者の宗教

航海者の世界はまぎれもない閉鎖社会であり、独特の法律上の慣習をもつのと同じように、独特の宗教をもっている。コントラストのはげしい人である航海者は同時に、少なくとも伝承によれば人間の中で最も不滅の人であり、最も宗教心の篤い人である。この宗教心の篤いことは、彼が常に直面しなければならない危険、しばしば神のほかに頼るべきものがなくなる危険によって説明がつく。それがまた、彼は人間の中で最も迷信ぶかい人であるといわれる所以でもある。われわれがこれから進めるのは、この宗教についてのいくつかの考察である。

船そのものはある人格をもつ物体である。なぜなら、それはいささか、生ける者のようにみなされるから。この存在物は最もしばしば（常にとはいわぬまでも）神の名をもっており、その結果、船とその守護神（テキストでは守護者）との間に同化作用がおこなわれる。それにまた、この神はパラエムム paraemum すなわち船首像によって船上に現在する。こうしてわれわれは多数の船名を知っている。たとえば、流謫のオヴィディウスを運ぶ船の名、ミネルヴァがそれである。しかし、ローマ時代にわれわれが最も多くの情報をもつ神、最も頻繁に船にその名を与えたようにみえる神、それは何の疑いもなくイシスである〔イシスはエジプトの女神。愛と貞節の化身〕。その名は時として形容語を伴っている。たとえば〔エジプトの〕ファロス島のイシスに当るイソファリアといった具合に。これは、商船についてだけでなく軍船についてもまたあてはまる。差し出されたままの状態で知られている銘文のおかげで、われわれはミセナ艦隊の船のリストを知っているが、そのリストはまことに教えるところが大きい。九隻の「四の船」のうち八隻が神名をそなえており、神名をそなえていない船でも、かなり象徴的な名を、すなわち帝国の勝利の名であるダキウスという名をつけている(1)。他方、いくつかの迷信が船と航海に結びついている。今日でもなおいくつかの地中海の小港で見られることだが、悪運を外《そ》らすために、厄払いの眼が船の前部のあちこちに描かれ、船首像と神名によって保証された加護をいわば補強するようになっている。さらにまた、尊重しなくてはならない「タブー」がある。航海のあいだ爪と髪を切ること、性行為をおこなうこと、は禁じられている。

いくつかの神は航海者にとって特別に救済力がある（われわれはギリシア＝ローマ時代についてのみ語っている）。われわれが十分な知識をもっている神々は次のようなものである。これらの神々の筆頭に、われわれはディオスクロイ、カストル、ポリュデウケスを置く。この三神はゼウスとレダから生れた三つ子である。この崇拝は、これら三神の星座が夜の航路を定めるために最も船乗りに活用される星座の一つであることに由来する。その上、これらの神々は「聖エルメの火」と呼ばれる形で航海者の前にあらわれる、という強い信仰がある。冠毛の形のこの閃光は、マストの頂上あるいは帆桁の突端にあらわれるが、大気内の充電過剰によって生ずるのである。しかも、この信仰は古代以後にも生きるので、神々のかわりに聖人が登場するという形であらわれる。ヴィーナス、とくにキプロス島のヴィーナス、ミネルヴァ、ウルカヌスおよびギリシアの同類もまた、航海の守護神である。そのほかに、もちろん海の神々を加えなくてはならない。しかし、神々のうち、ヘレニズム時代においては、さらにローマ時代においてはそれ以上に、抜きん出て航海者の神となった二神がある。イシスとセラピスがそれである。イシスといっても、エジプトのイシスというよりはギリシアのイシスであるようにみえる（後者は前者から出ているとしても）のだが、これが海の女神となった。航海シーズンのはじまりを特徴づけるものはイシスの祭典である。実際、三月のはじめにナウイギウム・イシディス Nauigium Isidis すなわちイシス船の祭りがおこなわれる。この祭りは紀元後二世紀にアプレイオス〔ラテンの著述家〕によってくわしく描かれている。その祭りのさい、一隻の船あるいはむしろ儀式用の図像にもとづいて作られた小形の模型船が、航海の幸のための祈りのことばを刺繡した帆をつけ、供物をのせ点火された燈明をそなえて、海に流される。そして、これがその航跡によって順調な航海への道を開くのであった。(2) セラピスのほうはどうかといえば、これはプトレマイオス一世によって創始された神であって、これまた航海の偉大な神々の中の一つとなった。このことは、セラピス信仰が大西洋から地中海の東海岸に至るほとんどすべての港でさかんに図像化され、いくつかの航海者の団体がこの神の守護のもとに置かれた（ダルマチア海岸のサロナ港のセラピス組合のごとく）ということとの、説明となる。しかし、われわれはまた、いくつかのエジプトのパピルスにこの神の役割の証拠を見る。そこでは、手紙の差出人は宛先人に向って、差出人がおえたばかりの順調な航海に感謝するため主《しゅ》セラピスに贄《いけにえ》を捧げてほしいと求めているのである。

このような神々の発顕は海の神殿によってさらに顕著となる。海の神殿は港にある。皇帝の神でさえも、カエサル・エピバテリオス神殿をもつアレクサンドリアの場合のように、無事の帰港をまっとうすることについて港で役割を果すのが見られる。(3) 神殿はまた危険な地点に(たとえば難船が頻繁におきる岬の突端に)ある。航海者が危険に陥ったさい神の名を呼び、神に助けに来てもらうためである。しばしばこれらの小神殿は、神の守護機能を継承する聖人に捧げられた神殿に場所をゆずる。やがてわれわれが言及する定例儀式とは別に、重大な事情のとき、すなわち嵐の中で航海者の能力が尽き果てたとき、彼は神の方を向く。なぜなら、嵐は神の不満の表現であり得るから。われわれはこれについての有名な実例をイオナスの冒険に持っている。この実例は、聖者列伝の文学にしばしばとりあげられ、時としては、著しく非人間的な形で描かれている。(4) しかし、一般的にいって、窮境におちいった船乗りは願《がん》をかけ、無事に帰港した暁にはその願を尊重することを決して忘れない。この願の尊重は、エウプロイア euploia(5) すなわち恙《つつが》ない航海についての銘文を神殿に奉納するという形のこともあり、願をかけた船の模型を奉納するという形のこともある。ほとんど至るところで発見される多数の小形模型船の由来はこういうことであるにちがいない。これらの奉納とは反対のものは文学の古典的人物であるところの難破した船乗りであり、彼は神殿の入口で、通行人に憐みを乞うために、彼を乞食に落ちぶれさせた難破を拙劣に描いて絵をみせる。

定例儀式はどうかといえば、われわれは出発儀式と到着儀式を区分しなくてはならないであろう。出発のさいは、多くの場合、乗船する人びとがまず神の加護を受けるために神殿に参詣する。ついで、船に乗ると、儀式がおこなわれる。それも、船が錨をあげたときに港内でおこなわれるのではなくて、船が沖合に出てからおこなわれるのである。この儀式は、船名となっている神と海の神々のために犠牲と祈りを捧げるということである。同様に、船が港へはいろうとするちょうどそのとき、まだ港内にはいらないときに、こんどは神への感謝のための儀式がおこなわれる。船がただ一隻でないとき、すなわち軍事艦隊や一年分の糧食を運ぶ船団の出発または到着のときは、犠牲は旗艦の上あるいは先頭となって港へ着く商船の上で捧げられる。こういう事情であるので、エジプトの小麦の船団のための犠牲は、船団の先頭船がカプリ島の前を通過するときに供えられ、そのさいの犠牲は、ミネルヴァ(6)のために葡萄酒を流すという形でおこなわれた。航行中は、特に有名な神殿の前を通るとき、あるいは危険に直面して神の助けを求めるとき、他の犠牲が捧げられる。われわれが、いくつかの船の図像の船尾に祭壇を見るのは、こういう事情のゆえである。それが携帯用祭壇以外のものであるはずは、ほとんどない。

しかし、航海信仰の儀式から一つの問題が出される。お勤めをする人はいつ船に乗るのか、ということである。いいかえれば、船の祭司はだれであるか、ということである。この役割は船長に、すなわちクベルネテス・グベルナトル kubernetes gubernator に属するようにみえる。なぜなら、航海の順調な進行は神々を敬うことにかかっているから。しかしながら、この問題はさまざまの議論をおこし、祭司は船主ではあり得ないかどうか、という問いが出された。その理由はトルロニア[7]（イタリアの考古学遺物コレクター）のレリーフと呼ばれるものの上に港内でおこなわれる犠牲がみられ、その犠牲はトーガを着た一人の人物が一人の女性の補助を受けておこなっている（ただし、船はまだ錨をおろしていないかのようであり、帆が張ったままである）。人びとは、これらの人物に船主とその妻を見ようとした。しかし、それが事実であるとしても、そのことは大したことを証明するものではない。なぜなら、これは港内における儀式であって航行中の儀式ではないから。また船主が船に同行することは稀であるから。

結論

時間的にも空間的にも、船乗りほど多様なものはなく、船乗りほど伝統的であるものが他にあろうか。それゆえに、古代と呼ばれるものの初期すなわち紀元前四千年紀または三千年紀ごろから、中世の初期すなわち大ざっぱに紀元後五世紀と六世紀に位置付けることのできる過渡期に至る、かくも広大な時代について全体史を書こうとする場合に直面する困難が生ずる。われわれは恒常的なものと変化するものとを十分に引き出して示したであろうか。その審判を下すことは読者にお任せする。たしかに、多くの点が闇の中にとどまった。あるものは、われわれにとってなおも神殿であるがゆえに、他のあるものは、私が意図的に犠牲としたがゆえに。はじめに私が記したように、海は常に人間に恐れを抱かせた。このことは、船乗りでない者が船乗りに対する態度を説明する。船乗りは他の人びととはちがう。彼らはたえず危険とともに生きる。彼らは、陸に上ったときも、他の人びとには分らない性格上の特徴をもちつづける。このことは、海洋商人についてもあてはまる。彼は、海の運次第で一日にして破滅することのある人間である。彼は、良い商売にならなかったときは、債権者に返済しないために、商品を積んだ船をためらいなく沈める人間である。しかし、彼は、もし、彼がある産物の積荷をもって、まさにそのときその品々を欠いている国に着き、そこから黄金を剝ぎとるという幸運と知恵をもつならば、一日にして富者となり得る人物である。これらすべてのことは、古代の著述家が航海と海洋貿易に対して矛盾する判断を与えたことの、すなわち航海と海洋貿易は、イソップのことばのように、最悪のものであると同時に最良のものとする判断を与えたことの、事由だった。しかし、彼らを最も軽蔑する者でさえ、彼らの必要を理解した。彼らなくしては、古代世界は、あのようなものに、あるいはむしろ帝国時代のあのようなものに、ならなかったであろう。オイクメネ（ローマ世界）とパックス・ロマーナ（ローマの平和）によって象徴されるあの統一を、知ることは決してなかったであろう。

原　註

序　章

（1）Grégoire de Nazianze, *Poèmes sur sa vie*, I, XI, 121–210.

（2）G. Lefebvre, *Romans et contes égyptiens de l'époque pharaonique*, Paris, 1949, p. 29–40 ; *Ephésiaques*, éd. Dalmeyda, Paris, 1926.

（3）Cf. J. Rougé, *Recherches sur l'organisation du commerce maritime en Méditerranée sous l'empire romain*, Paris, 1966, p. 69–71.

（4）IG (Inscriptiones Graecae) II^{2}, 1627.

（5）*Pap. Cairo Zeno*, II, 59242 de novembre-décembre 253.

（6）L. Foucher, Navires et barques figurés sur des mosaïques découvertes à Sousse et aux environs, *Notes et documents*, XV, Tunis, 1957.

（7）J. Rougé, *Recherches* ……, pl. II et III.

（8）Dr G. Conteneau, Un navire de Tarsis sur un sarcophage sidonien, *Journal asiatique*, 1921, p. 168–174.

第 I 章

（1）Hésiode, *Les travaux et les jours*, v. 618 et suiv.

（2）Xénophon, *Economique*, V. 4–17.

（3）*Anthologie palatine*, VII, n°s 263 à 294.

（4）A. Thomazi, *Histoire de la navigation*, 《Que sais-je ?》, n° 43, 1947, p. 23.

（5）J. Merrien, *La grande histoire des bateaux*, Paris, 1957, p. 136.

（6）C^{dt} Lefebvre des Noettes, *De la marine antique à la marine moderne*.

（7）P. Cintas, *Contribution à l'étude de l'expansion carthaginoise au Maroc*, Paris, 1954, p. 10–12.

（8）C^{dt} Guilleux de La Roerie, Les transformations du gouvernail, *Annales d'Histoire économique et sociale*, 1935, p. 564–583.

(9) Flavius Josèphe, *Vie*, 3.
(10) *Digeste*, L, 5, 3.
(11) J. Rougé, La navigation hivernale sous l'Empire romain, *Revue des Etudes anciennes*, t. LIV, 1952, p. 316–325.
(12) J. Laporte, 《Mare clausum》, dans Fortunat, *R. E. L.*, t. XXXI, 1953, p. 110–111.
(13) Hésiode, *Les travaux et les jours*, v. 663–665 ; 678–684.
(14) Apulée, *Les Métamorphoses*, XI, 16.
(15) J. Rougé, *Recherches* ……, p. 359.
(16) V. J. I. Miller, *The Spice Trade of the Roman Empire*, Oxford, 1969, chap. IX et X.
(17) Tableau commode dans J. Rouch, *La Méditerranée*, Paris, 1946, p. 224.
(18) V. Bérard, *La résurrection d'Homère*, Paris, 1930, p. 80–182.
(19) Hérodote, VII, 188–192 (邦訳にくロドトス『歴史』松平千秋訳・岩波文庫、青木巌訳・新潮社がある)。
(20) Strabon, VIII, 6, 20.
(21) Dittenberger, *Sylloge*², nº 1229.
(22) Sénèque, Lettres à Lucilius, 77, 1.
(23) Stace, *Silves*, III, 2, 21 sq.
(24) Athénée, *Deipnosophistes*, V, 206ᵉ.
(25) J. Rougé, Actes 27, 1–10, *Vigiliae Christianae*, t. XIV, 1960, p. 193–203.
(26) L. Casson, Bishop Synesius' Voyage to Cyrene, *American Neptune*, t. XII, nº 4, octobre 1952, p. 294–296.
(27) Libanius, *Progymnasta, sententiae*, I, 13.

第二章

(1) V. J. Vandier, *Manuel d'archéologie égyptienne*, t. V, Paris, 1969, p. 660–686.
(2) Plaute, *Miles gloriosus*, v, 915–919.
(3) M. C. Bottigelli, Ricerche epigrafiche sulla marineria nell' Italia romana, *Epigraphica*, t. IV, 1942, p. 150 sq.
(4) F. Moll, *Der Schiffbauer in der bildenden Kunst*, Berlin, 1930, p. 162, fig. 9, coupe de l'architecte Dedalus.
(5) *Edit du maximum* (éd. S. Lauffer, Berlin, 1971), VII.

(6) L. Casson, *Ships and Seamanship*, fig. 163. P. A. Gianfrota et P. Pomey, *Archeologia Subacques*, p. 262.

(7) H. Seyrig, Les fils du roi Odainat, *Annales archéologiques de Syrie*, t. XIII, 1963, p. 159–172.

(8) Pline l'Ancien, *Histoire naturelle*, VIII, 16 ; Suétone, *Vie de Jules César*, 57, 2 ; Florus, II, 8, 13 (III, 20, 13). L. Basch, Les Radeaux Minoens, *Cahiers d'archéologie subaquatique*, t. V, 1976, p. 85–97.

(9) César, *Guerre civile*, I, 54 ; Avienus, *De ora maritima*, v, 103–107 ; F. Alonso Romers, *Relaciones atlanticas prehistoricas entre Gallicia y Las Britanicas y medios de navegacion*, Vigo, 1976.

(10) C. Torr, *Ancient Ships*, rééd. Chicago, 1964, p. 117–118.

(11) Ammien Marcellin, XVII 13, 17 ; XXIV, 4, 8.

(12) *Livre des morts*, 99 (trad. P. Barguet, Paris, 1967, p. 136).

(13) Ch. Boreux, *Etudes de nautique égyptienne*, Mém. de l'Institut franç. du Caire, t. L, Le Caire, 1925, p. 462.

(14) L. Basch, Ancient wrecks and the archaeology of ships, *Intern. Journal of naut. arch. and underwater explor.*, t, I, 1972, p. 1–58 ; P. Pomey, l'Architecture navale romaine et les fouilles sous-marines, dans *Recherches d'archéologie celtique et gallo-romaine*, Paris-Genève, 1973, p. 37–51 ; A. Tchernia, P. Pompei, A. Eesnard, l'Epave romaine des Galliens, XXXIVe suppl. à *Gallia*, 1978, p. 75–100.

(15) B. Landstrom, *Ships of the Pharaohs*, Londres, 1970, p. 28.

(16) Hérodote, II, 96 (邦訳については前出)。

(17) L. Casson, *Ships and Seamanship*, fig. 11 et 13.

(18) Virgile, Enéide, VI, 413–414 ; L. Basch, l'Assemblage du navire de bon-porté, *Dossiers de l'archéologie*, nº 29 juillet–août 1978, p. 71–73.

(19) Horace, *Epodes*, XVI, 57 ; Virgile, *Enéide*, X, 206.

(20) Théophraste, *Histoire des plantes*, IV, 3.

(21) A. C. Western, appendice à G. Bass, Cape Gelydonia: a Bronze Age Shipwreck, *T. A. P. S.*, t. LVII, fasc. 8, Philadelphie, 1967, p. 168–169.

(22) L. Casson, *Ships and Seamanship*, fig. 81 et 82.

(23) J. Rougé, le conforts des passagers, communication à la conférence *Méditerranean* III tenue à Barcelone du 31 juillet au 2 août 1978.

(24) Maxime de Tyr, *Dissertations*, I, 3.

(25) G. F. Bass et F. H. Van Doorninck, A Fourth-Century Shipwreck at Yassi Ada, *American Journal of Archaeology*, t. LXXV, 1971, p. 27–37.

(26) *Gallia*, 1973, p. 588, 595 ; *Gallia*, 1975, p. 600.

(27) L. Casson, *Travel in the Ancient World*, Londres, 1974, p. 15.

第三章

(1) J. Vandier, *Manuel*, t. V, p. 883 et 933.

(2) J. Poujade, *La route des Indes et ses navires*, Paris, 1946, p. 288.

(3) IG II² 1629, 70 et 83 ; 1649, II …….

(4) *Actes des Apôtres*, 27, 17.

(5) J. S. Morrison et R. T. Williams, *Greek oared Ships*, p. 294–298.

(6) J. Vandier, *Manuel*, t. V, p. 707–708.

(7) Ch. Boreux, *Etudes* ……, p. 319–331.

(8) Pline l'Ancien, *Histoire naturelle*, XVI, 195.

(9) J. le Gall, Graffites navals du Palatin, *Mém. de la Soc. franç. des Antiquaires*, 1954, p. 41–52.

(10) M. Moretti, *Targuinia, la tombe 《della nave》*, Milan, 1961.

(11) J. Rougé, *Recherches* ……, Pl. II b.

(12) L. Casson, The Sails of the Ancient Mariners, *Archaeology*, t. VII, 1954, p. 214–219 ; J. Rougé, Romans grecs et navigation, le voyage de Leucippe et clitophon de Beyrouth en Egypte, *Archaeonautica*, t. II, 1978.

(13) L. Casson, *Ships and Seamanship*, p. 259–263.

(14) Virgile, *Enéide*, III, 357 ; Ovide, *Métamorphoses*, VI, 233 ; Sénèque, *Médée*, 319.

(15) Bas-reliefs Torlonia, L. Casson, *Ships and*

Seamanship……, fig. 144.

(16) J. Poujade, *La route des Indes* ……, p. 134.

(17) J. Rougé, *Recherches* ……, p. 55.

(18) L. Foucher, art. cit.; J. Rougé, *Recherches* ……, pl. III b; L. Casson, *Ships and Seamanship* ……, p. 230–231.

(19) Sénèque, *Letters à Lucilius*, 77, 1–2.

(20) G. Conteneau, *Un navire de Tarsis*……, p. 14.

(21) J. S. Morrison et R. T. Williams, *Greek oared Ships*, p. 300–301.

(22) L. Casson, *Ships and Seamanship* ……, p. 260–262.

(23) E. de Saint-Denis, *Le vocabulaire des manœuvres nautiques en latin*, Mâcon, 1935, p. 7; J. Rougé, *Recherches* ……, p. 52.

(24) A. Jal, *Glossaire nautique*, Paris, 1848, et Nouveau glossaire nautique, lettre A, Paris, 1970, s.v. 《Anchinus》, 《Anchi》, 《Anquina》; J. Rougé, Ankoina—Anquina, *Revue de philologie* ……, t. L, 1976, p. 213–220.

(25) Tacite, *Annales*, II, 6（邦訳にタキトゥス『年代記』国原吉之助訳・岩波文庫がある)。

(26) Ch. Boreux, *Nautique*, p. 387–403; J. Vandier, *Manuel*, t. V, p. 741–748.

(27) E. de Saint-Denis, *Lexique*, p. 67.

(28) L. Foucher, *Navires et barques*, p. 19–21.

(29) G. Conteneau, *Un navire de Tarsis*……, p. 14.

(30) G. de La Roerie, art. cit.

(31) Lucien, *Le navire*, 6.

(32) J. Innes Miller, *The Spice Trade of the Roman Empire*, Oxford, 1969, p. 260 et suiv., pl. II et III.

(33) *Nouveau glossaire nautique*, s.v. 《Ancre》.

(34) J. Rougé, *Recherches* ……, pl. IV b.

(35) *Actes des Apôtres*, XXVII, 17, 29, 30（邦訳に『聖書——使徒行伝』日本聖書協会訳がある)。

(36) César, *Guerre des Gaules*, III, 13（邦訳にカエサル『ガリア戦記』近山金次訳・岩波文庫がある)。

(37) Strabon, III, 160; Pline l'Ancien, *Histoire naturelle*, XIX, 26–30; *Expositio totius mundi et gentium*, 59.

第四章

(1) G. F. Bass, Cape Gelydonia: a Bronze Age Shipwreck, *Transaction of the American Philosophical Society*, 57, 8, 1967, p. 48.

(2) O. Testaguzza, *Portus. Illustrazione dei porti di Claudio e Traiano e della cità di Porto a Fiumicino*, Rome, 1970, p. 76.

(3) *Digeste*, XIX, 2, 31.

(4) F. Benoît, L'épave du《Grand Congloué》, à Marseille, suppl. XIV, à *Gallia*, Paris, 1961, p. 164 et suiv.

(5) H.-T. Wallinga, Nautika (I), *Mnémosyne*, t. XVII, 1964, p. 28–36.

(6) A. Héron de Villefosse, La mosaïque des Narbonnais, *Bulletin du Comité*, 1918, p. 245 et suiv.

(7) J. Rougé, *Recherches* ……, p. 185–188 et pl. VIII.

(8) Vitruve, X, 2; J. Rougé, *Recherches* ……, p. 160–166.

(9) P. Gille, Jauge et tonnage des navires, dans *Le navire et l'économie maritimes du XV*^{e} *au XVIII*^{e} *siècle*, Paris, 1957, p. 85–100 ; M. Morineau, Jauges et méthodes de jauge anciennes et modernes, *Cahiers des Annales*, n° 24, Paris, 1966.

(10) J. Vars, *L'art nautique dans l'Antiquité*, Paris, 1887, p. 192 ; L. Casson, The《Isis》and her Voyage, *Transaction of the Amer. Philological Ass.*, t. 81, 1950, p. 43–56; A. Köster, *Das antike Seewesen*, Berlin, 1923, p. 158–166; J. Rougé, *Recherches* ……, p. 69–70.

(11) H.-T. Wallinga, art. cit., p. 27.

(12) J. Rougé, *Recherches* ……, p. 79.

(13) H.-T. Wallinga, art. cit., p. 26.

(14) Athénée, *Deipnosophistes*, V, 206 d–209; L. Casson, *Ships and Seamanship* ……, p. 184–186.

(15) Flavius Josèphe, *Vie*, 3.

第五章

(1) Thucydide, *La guerre du Péloponnèse*, I, 4 (trad. D. Roussel)（邦訳にトゥーキュディデース『戦史』久保正彰訳・岩波文庫がある）。

(2) A. Xénaki-Sakellariou, Les cachets minoens de

la collection Giamalakis, *Etudes crétoises*, X, Paris, 1958, p. 78–80.

（3） S. Marinatos, La marine créto-mycénienne, *B.C.H.*, 57, 1933, p. 170 et suiv.

（4） J. Vercoutter, Essai sur les relations entre Egyptiens et Préhellènes, *L'Orient ancien illustré*, t. VI, Paris, 1954.

（5） Ch. G. Starr, The Myth of the Minoan Thalassocracy, *Historia*, III, 1954.

（6） R. J. Buck, The Minoan Thalassocracy re-examined, *Historia*, XI, 1962.

（7） S. Marinatos, Andrôn hèrôôn théios stolos, *Archailogika analekta ex Athènôn*, t. VI, 1973, p. 289–292 et pl. II; L. Casson, Bronze age ships; The evidence of Thera wall paintings, *Journ. of Naut. Arch. and Underwater expl.*, t. IV, 1975, p. 3–10.

（8） Thucydide, *Guerre du Péloponnèse*, I, 13（邦訳書前出）。

（9） B. Landström, *op. cit.*, p. 111–112.

（10） L. Casson, *Ships and Seamanship*……, pl.78.

（11） L. Casson, Hemiolia and Triemiolia, *Journal of hellenic Studies*, 1958, LXXVIII, p. 14–18.

（12） Thucydide, *Guerre du Péloponnèse*, I, 11（邦訳書前出）。

（13） L. Bash, Phoenician Oared Ships, *The Mariner's Mirror*, 55, 1969, p. 139–162 et 227–245; Trières grecques, phéniciennes et égyptiennes, *Journ. of Hellenic Studies*, 1977, p. 1–10. ヘロドトスによれば（『歴史』II－一五九）、紀元前六〇〇年ごろファラオ・ネコのためにフェニキアの船がアフリカ周航をしたということであるが、その時の船はすでに三段櫂船であった。

（14） W. Tarn, The Greek Warship, dans C. Torr, *Ancient Ships*, réédition, Chicago, 1964, p. 154 et suiv.; Ch. G. Starr, art. 《Trireme》, *Oxford classical Dictionary*, 2e éd., 1970, p. 1095 ; M. Amit, *Athens and the Sea. A Study in Athenian Sea-Power*, coll. 《Latomus》, t. LXXIV, Bruxelles, 1965.

（15） Aristophane, *Les grenouilles*, v. 1074（邦訳にアリストパネース『蛙』高津春繁訳・岩波文庫がある）。

（16） J. Morrison, The Greek Trireme, *Mariner's*

Mirror, 1941, p.14 et suiv.; J. Taillardat, la trière athénienne et la guerre sur mer aux Ve et IVe siècles, *Problèmes de la guerre dans la Grèce ancienne*, Paris, le Haye, 1968, p. 183–205.

(17) Thucydide, *Guerre du Péloponnèse*, VII, 34 et 36 (邦訳書前出)。

(18) P. Gille, Les navires à rames de l'Antiquité, *Journal des Savants*, 1965, p. 36 et suiv.

(19) Hérodote, IX, 100–105 (邦訳書前出)。

(20) Thucydide, II, 55–57 (邦訳書前出)。

(21) Aristophane, *Les Cavaliers*, 541–544.

(22) Pseudo-Xénophon, *La République des Athéniens*, I, 2 (trad. P. Chambry).

(23) L. Casson, Galley Slaves, *Transactions and Proceedings of the Amer. Philological Ass.*, t. XCVII, 1966, p. 35–44; Y. Garlan, Les esclaves grecs en temps de guerre, *Actes du Colloque d'Histoire sociale de Besançon (1970)*, Paris, 1972, p. 29–62.

(24) Hérodote, VIII, 43–48 (邦訳書前出)。

(25) Hérodote, VII, 89–97 (邦訳書前出)。

(26) J. Labarbe, *La loi navale de Thémistocle*, Paris, 1957.

(27) IG II^2, 1627.

(28) Diodore de Sicile, XIV, 41–42; Pline l'Ancien, VII, 207.

(29) C. Torr, *Ancient Ships*, p. 10 et suiv.

(30) J. Morrison et R. T. Williams, *Greek oared Ships*, p. 290–291.

(31) Diodore de Sicile, XX, 49–50.

(32) L. Casson, *Ships and Seamanship* ……, p. 112–115.

(33) Plutarque, *Vie de Démétrius*, 43 (邦訳にプリュタルク『英雄伝』河野与一訳・岩波文庫がある)。

(34) L. Casson, *Ships and Seamanship* ……, p. 110–116.

(35) Athénée, *Deipnosophistes*, V, 203 d; L. Casson, *ibid.*, p. 140.

(36) L. Casson, *Ships and Seamanship* ……, pl. 80.

(37) Thucydide, *Guerre du Péloponnèse*, I, 49 (邦訳書前出)。

(38) Hérodote, VII, 179–182 (邦訳書前出)。

(39) Hérodote, VIII, 11 (邦訳書前出)。
(40) Thucydide, II, 84 (邦訳書前出)。
(41) Thucydide, VIII, 103–106 (邦訳書前出)。
(42) Xénophon, *Helléniques*, II, 2, 20–32.
(43) J. Taillardat, A propos d'Alcée, *Rev. de Philologie* ……, t. XXXIX, 1965, p. 80–90.
(44) Thucydide, VII, 41 (邦訳書前出)。
(45) Polybe, I, 21 et 23.
(46) Polybe, I, 25.
(47) Elien, *Histoires variées*, IX, 40.
(48) Polybe, II, 22.
(49) Polybe, I, 20.
(50) J. Heurgon, *Rome et la Méditerranée occidentale*, coll. 《Nouvelle Clio》, 7, Paris, 1969, p. 301 et 386–395.
(51) J.H. Thiel, *A History of Roman Sea-Power before the Second Punic War*, Amsterdam, 1954, p. 1–60.
(52) Polybe, I, 21.
(53) Polybe, I, 23; H. Wallinga, *The Boarding-Bridge of the Romans*, Groningen, 1956.
(54) J.H. Thiel, *A History of Roman Sea-Power* ……, p. 74.
(55) L. Casson, *Ships and Seamanship* ……, p. 105, n. 41.
(56) Polybe, I, 26.
(57) Polybe, I, 59–61.
(58) Polybe, I, 63.
(59) J.H. Thiel, *Studies on the History of Roman Sea-Power in Republican Times*, Amsterdam, 1946, p. 55; *A History of Roman Sea-Power* ……, p. 347–348.
(60) J. Rougé Conceptions antiques sur la mer, *Mélanges René Dion*, Paris, 1974, p. 275–283.

第六章

(1) Polybe, I, 64.
(2) Tite-Live, XXVIII, 45; XXIX, 26.
(3) Polybe, VIII, 5–6; Plutarque, *Vie de Marcellus*, 15 (邦訳書前出)。
(4) Tite-Live, XXI, 26.
(5) Tite-Live, XXIV, 11.
(6) Tite-Live, XXVII, 5; J.H. Thiel, *Studies* ……, p. 109.

(7) Tite-Live, XXV, 27.
(8) Tite-Live, XXXVII, 22-30.
(9) Polybe, I, 64.
(10) H.A. Ormerod, *Piracy in the ancient World*, Londres, 1924.
(11) Cicéron, *Sur les pouvoirs de Pompée*, 31-34; Plutarque, *Vie de Pompée*, 24 (邦訳書前出)。Dion Cassius, XXXVI, 5.
(12) Appien, *Guerre contre Mithridate*, 92.
(13) Plutarque, *Vie de César*, 1-2 (邦訳書前出)。
(14) Plutarque, *Vie de Pompée*, 25-30 (邦訳書前出); Appien, *Guerre contre Mithridate*, 94-96; Dion Cassius, XXXVI, 20.
(15) R. Dion, Géographie historique de la France, *Annuaire du Collège de France*, 1963, p. 407; H. Pineau, *La côte atlantique de la Bidassoa à Quiberon dans l'Antiquité*, Paris, 1970, p. 38-42.
(16) César, *Guerre des Gaulles*, III, 82-83 (邦訳書前出)。
(17) César, *Guerre civile*, I, 56-58; II, 3-7.
(18) M. Hadas, *Sextus Pompey*, New York, 1930; F. Miltner, Sextus Pompeius Magnus, *Real-Encyclopädie der kl. Altertumswissenschaft*, t. XXI, 2, Stuttgart. 1952, p. 2213-2250.
(19) Plutarque, *Vie d'Antoine*, 68-72; Dion Cassius, LI, 1-9 (邦訳書前出)。
(20) H. Volkmann. *Cléopâtre*, trad. franç., Paris, 1956, p. 231-235; Ch. G. Starr, *Roman Imperial Navy*, 2e éd., Cambridge, 1960, p. 8.
(21) Florus, II, 21; W. Tarn, The Battle of Actium, *Journal of Roman Studies*, t. XXI, 1931, p. 173-199.

第七章

(1) Dr Donnadieu, *Fréjus, le port militaire du Forum Iulii*, Paris, 1935; P.-A. Février, *Forum Iulii (Fréjus)*, Institut intern. d'Etudes ligures, 1963.
(2) ロッテルダムの北，ズワンメルダンでアムステルダム大学のグラスベルゲン教授がおこなった発掘。Th. Respaet-Charlier et G. Respaet, Gallia Belginca et Germanica inferior: Vingt cing années de recherches historiques et archéologiques, *Aufstieg un Niedergang der römischen Welt*, t.

II, Vol. 4, Berlin, 1975, p.275–276 et pl. XIX.

(3) Peinture du temple d'Isis, L.Casson, *Ships and Seamanship* ……, pl. 133.

(4) *C.I.L.*, V, 8659.

(5) H.G.Pflaum, *Essai sur les procurateurs équestres sous le Haut Empire romain*, Paris, 1950, p.47; C.G.Starr, *op. cit.*, p.33.

(6) O.Seek, éd. de la *Notifia dignitatum*, Berlin, 1876; A.H.M. Jones, *The Later Roman Empire*, t. III, Oxford, 1964, p.347 et suivantes.

(7) Ch. Courtois, Les politiques navales de l'Empire romain, *Revue historique*, t. 186, 1939, p.17–47 et 225–259; J.Rougé, Le navire de Carpathos, *Cahiers d'Histoire*, t. VIII, 1963, p.253–268.

(8) J.Rougé, Quelques aspects de la navigation en Méditerranée au ve siècle et dans la première moitié du vi^{e} siècle, *Cahiers d'Histoire*, t. VI, 1961, p.129–154.

(9) *Notitia dignitatum, pars occidentalis*, 29.

(10) Ch. Courtois, art. cit.

(11) E.A.Thompson, *A Roman Reformer and Inventor*, Oxford, 1952, p.50–54.

第八章

(1) A. Varagnac, *L'homme avaut l'écriture*, Paris, 1959, p.385–386.

(2) J.Pirenne, Les escales phéniciennes dans la navigation égyptienne, dans les *Grandes escales maritimes*, recueils de la Société Jean-Bodin, t. XXXII, Bruxelles, 1974, p.45–50; A.Théodoridès, Les escales de la route égyptienne de la côte de Somalie, *ibid*, p.51–64.

(3) G.Lefebvre, Romans et contes égyptiens de l'époque pharaonique, Paris, 1949, p.33.

(4) G.Conteneau, *Un navire de Tarsis* ……

(5) Livre des rois, I, 9, 26–28 ; 10, 22.

(6) H.Frost, Mediterranean Harbours and Ports of Gall, dans les *Grandes escales maritimes*, Société Jean-Bodin, p.35–41.

(7) Strabon, II, 3, 4 (II, 99); L.Casson, *Ships and Seamanship* ……, pl. 78, 57–58, 92.

(8) L.Breglia, *Le antiche rotte del Mediterraneo*,

Rome, 1966.
(9) P. Cintas, *L'expansion carthaginoise au Maroc*, Paris, 1954, p. 10–17.
(10) L. Foucher, *Hadrumète*, Tunis, 1964, p. 30.
(11) 本訳書九〇—九一ページ参照。
(12) J. Vercoutter, *Egyptiens et Préhellènes*, *op. cit.*
(13) B. W. Labaree, How the Greeks saild into the Black Sea, *American Journal of Archaeology*, t. 61, 1957, p. 29–33.
(14) J. F. Morel, l'expansion phocéenne en occident, *Bulletin de correspondance héllénique*, t. XCIX, 1975, p. 853–896.
(15) J. Rougé, Le droit de naufrage et ses limitations en Méditerranée avant l'établissement de la domination de Rome, *Mélanges A. Piganiol*, t. III, Paris, 1966, p. 1467–1479.
(16) R. Rebuffet, Naissance de la marine étrusque; M. Gras, les Etrusques et la mer, *Dossiers de l'archéologie* nº 24, Septembre-Octobre 1977, p. 50–57 et 45–49.
(17) M. Moretti, Tarquina, la lombe della nave, Milan, 1961.
(18) J. Ferron, Un traité d'alliance entre Caeré et Carthage ……, *Aufstieg und Niedergang der römischen Welt*, t. I, 1, 1972, p. 189–226.
(19) J. Carcopino, *Le Maroc antique*, 10e éd., Paris, 1943, p. 73–163; R. Mauny, La navigation sur les côtes du Sahara pendant l'Antiquité, *Revue des anciennes*, t. LVII, 1955, p. 92–101.

第九章

(1) Xénophon, *Les revenus*, 1.
(2) 本訳書八四—八五ページ参照。
(3) J. Rougé, Conceptions antiques sur la mer, Caesarodunum IX bis, *Mélanges R. Dion*, p. 275–283.
(4) H. Knorringa, Emporos: *data on trade and traders in greek litterature from Homer to Aristotle*, Amsterdam, 1936.
(5) J. Rougé, *Recherches* ……, p. 229–231; L. Casson, *Ships and Seamanship* ……, p. 314–318.
(6) Lysias, *Discours*, édit.-trad. L. Gernet, M. Bizos, 2 Vol., Paris, 1959; Démosthène, *Plaidoyers*

civils, édit.-trad. L. Gernet, 3 vol., Paris, 1954-1960 (いわゆる coll. Budé)。

(7) U. E. Paoli, Il prestito marittimo nel diritto attico, *Studi di diritto attico*, I, Publications de l'Univ. de Florence, 1930.

(8) J. Rougé, Recherches ……, p. 407.

(9) L. Casson, The Grain Trade of the hellenistic World, *Transactions of the American Philological Association*, t. LXXXV, 1954, p. 168–187.

(10) Cl. Préaux, Alexandrie, dans les *Grandes escales maritimes*, Société Jean-Bodin, t. XXII, Bruxelles, 1974, p. 89–93.

第十章

(1) A. Degrassi, I porti romani dell'Istria, dans *Scritti vari di Antichità*, t. II, Rome, 1962, p. 821–870.

(2) Vitruve, *De l'architecture*, V. 12.

(3) R. Meiggs, *Roman Ostia*, Oxford, 1960; O. Testaguzza, *Portus, illustrazione dei porti di Claudio e Traiano e della cità di Porto a Fiumicino*, Rome, 1970.

(4) R. Paribeni, *Optimus Princeps*, t. II, Messine, 1927.

(5) R. Bartoccini, *Il porto romano di Leptis magna*, Rome, 1958.

(6) M. Guy, Les ports antiques de Narbonne, *Revue d'Etudes ligures*, t. XXI, 1955, p. 212–240.

(7) J. Rougé, édition de *l'Expositio totius mundi*, Paris, 1967, § 58.

(8) P.-M. Duval, La forme des navires romains d'après la mosaïque d'Althiburos, *Mélanges d'archéologie et d'histoire*, t. LXI, 1949, p. 119–149.

(9) E. Espérandieu, *Recueil général des bas-reliefs de la Gaule romaine*, t. I, Paris, 1907, p. 421, nº 686.

(10) J. Rougé, *Recherches* ……, p. 76–77.

(11) J. Rougé, *Recherches* ……, p. 76–77.

(12) Philostrate, *Vie d'Apollonius de Tyane*, IV, 9.

(13) J. Rougé, *Recherches* ……, p. 217; L. Casson, *Ships and Seamanship* ……, p. 319.

(14) C. M. Moschetti, Il《gubernator nauis》. Contributo alla storia del diritto marittimo romano, *Studia et documenta historiae et iuris*, t. XXX, 1964, p. 50–113.

(15) L. Casson, *Ships and Seamanship* ……, p. 317–318.

(16) J. Rougé *Recherches* ……, p. 234–238.

(17) Augustin, *Sermon 355, 4 sur l'héritage du naviculaire Boniface.*

(18) J. Rougé, *Recherches* ……, p. 407.

(19) R. Dion, Itinéraires maritimes occidentaux dans l'Antiquité, *Bull. de l'Association des Géographes français*, nº 243–244, 1954, p. 128–135.

(20) M. Wheeler, *Les influences romaines au-delà des frontières impériales*, trad. franç., Paris, 1960, p. 145–219.

(21) L. Casson, Speed under sail of ancient ship, *Transaction of the Am. Philol. Assoc.*, t. LXXXII, 1951, p. 136–148; J. Rougé, *Recherches* ……, p. 99–105.

(22) H. Pirenne, *Mahomet et Charlemagne*, Paris, 1937, et de nombreux articles.

(23) J. Rougé, Quelques aspects de la navigation en Méditerranée ……, *Cahiers d'Histoire*, t. VI, 1961, p. 129–154.

第十一章

(1) V. Chapot, *La flotte de Misène*, Paris, 1896, p. 98–100.

(2) Apulée, *Métamorphoses*, XI, 16.

(3) A. Pelletier, édit. trad. de Philon, *Legatio ad Gaïum*, Paris, 1972, p. 356–364.

(4) J. Rougé, Miracles maritimes dans l'œuvre de Jean Moschos, 《Mélanges A. Fugier》, *Cahiers d'Histoire*, t. XIII, 1968, p. 233–238.

(5) N. Sandberg, *Euploia, Etudes épigraphiques*, Acta Universitatis Gotho burgensis, t. VIII, 1954.

(6) Stace, *Silves*, III, 2, 21–24.

(7) L. Casson, *Ships and Seamanship* ……, pl. 144; D. Wachsmuth, Pompimos ho daimôn, *Untersuchung zu den antiken Sakralhandlungen bei Seereisen*, Berlin, 1967, p. 143–150.

参考文献

原著者が一九八二年三月の時点でまとめたもの

G.Bass *et alii*, *History of Seafaring based on underwater Archeology*, Londres, 1972; *Archéologie sousmarine*, Paris, 1972.

F.Benoît, L'épave du《Grand Congloué》, *Gallia*, supplément XIV, Paris, 1961.

C.Boreux, *Etude de nautique égyptienne: l'art de la navigation en Egypte jusqu'à la fin de l'ancien Empire*, Mémoires de l'Institut français d'Archéologie orientale du Caire, t. L, Le Caire, 1925.

L.Casson, *The ancient Mariners*, New York, 1959; *Les marins de l'Antiquité*, Paris, 1961.

L.Casson, *Ships and Seamanship in the Ancient World*, Princeton, 1971.

P.H.Glanfrota et P.Pomey, *Archeologia subacquea*, Milan, 1981.

A.Jal, *Glossaire nautique*, Paris, 1848.

D.Kienast, *Untersuchungen zu den Kriegsflotten der Römischen Kaiserzeit*, Antiquitas, I, 13, Bonn, 1966.

A.Köster, *Das antike Seewesen*, Berlin, 1966.

B.Landström, *Ships of the Pharaohs*, Londres, 1970.

F.Moll, *Das Schiff in der bildenden Kunst*, Bonn, 1929.

J.S. Morrison et R.T. Williams, *Greek oared Ships*, 900–322 B.C., Cambridge, 1968.

J.Poujade, *La route des Indes et ses navires*, Paris, 1946.

J.Rougé, *Recherches sur l'organisation du commerce maritime en Méditerranée sous l'Empire romain*, Paris, 1966; C.M. Moschetti, Aspetti organizzativi dell'attività commerciale marittima nel bacino del Mediterraneo durante l'Impero romano, *Studia et documenta historiae et iuris*, t. XXXV, 1969, p.374–410.

E. de Saint-Denis, *Le vocabulaire des manœuvres*

nautiques en latin, Mâcon, 1935.

E. de Saint-Denis, *Le rôle de la mer dans la poésie latine*, Paris, 1935.

C. G. Starr, *Roman Imperial Navy, 31 B.C.–324 A.D.*, 2e éd., Cambridge, 1960.

J. H. Thiel, *Studies on the History of Roman Sea-Power in Republican Times*, Amsterdam, 1946.

J. H. Thiel, *A History of Roman Sea-Power before the Second Punic War*, Amsterdam, 1954.

C. Torr, *Ancient Ships*, Cambridge, 1895.

J. Vandier, *Manuel d'archéologie égyptienne*, t. V, 2, Paris, 1969.

J. Vars, *L'art nautique dans l'Antiquité*, Paris, 1887. ; adaptation de l'ouvrage de A. Breusing, *Die Nautik der Alten*, Brême, 1886.

D. Wachsmuth, Pompimos ho daimôn, *Untersuchungen zu den antiken Sakralhandlungen bei Seereisen*, Berlin, 1967.

雑　誌

La *Revue d'Etudes ligures*.

la revue *Gallia*.

la *Rivista del diritto della Navigazione* (Milan).

訳者あとがき

これは古代地中海における海運の諸問題を考察した本である。そこには、政治、軍事、経済、文化の諸側面についての豊富なデータの提示と新鮮な考察がある。データというのは、考古学、碑文学、古文書学などの与えるデータであって、近年の考古学の発展はとくにこのデータを豊富にしているのである。

著者は、一方で、エジプト、クレタ、フェニキア、ギリシア、ローマ、カルタゴという諸民族、諸国家の活動（つまり戦争と商業と政治）を描き、他方で造船や操船の技術上の考察をしている。船の基本要素である錨と櫂と帆の歴史に、当然のことに、かなりのスペースを割いている。

私はここで本書の要約をするつもりもなく、またそれができるはずのものではない。扱われているテーマの豊かさを、読者は目次を見て直ちに理解するはずである。このような本はいままでは出ていなかった。私は、本訳書が研究者に、また、この領域に関心をもつ一般読書人に、大いなる益をもたらすことを願っている。

著者は、フランスのリオン大学Ⅱで久しく古代史を講ずる教授であって、古代海運についての著書と論文を多く発表し、その領域では独自の地位をもつ人である。

著者は本書において、ギリシア人とローマ人の用いた海事用語に対して慎重であり、常に原語を示してそれが何であるかを説明しようとしている。その部分の翻訳あるいは記述法に、私はむずかしさを覚えた。その部分にかぎらず、不明瞭なところについては、私は直接に、リヨンに住む著者に手紙を出し、助けを求めた。著者は快くこれに応じてくれた。同時に、この日本語版のために、氏は多くの箇所で補筆をし、あるいは削除をした。したがって本訳書は、一九七五年の原著の改訂増補版という性格ももっている。私は終始、大いなる興味をもって翻訳に当ったが、不適切な訳語、訳文がありはしないか、と心配である。原註は一括して巻末におさめた。本文中の〔……〕は訳者註である。

本書は一九八一年に、日本語版よりさきに英語版が出た。訳者はアメリカの女性である。*Ships and Fleets of the Ancient Mediterranean*, Welseyan U. P., U.S.A. が書名と発行所である。私は翻訳にさいしてこの英語版も参考にした。アメリカの版が大学の出版局から出たように、日本語の版もまた大学の出版局から刊行されることになった。この訳書出版についてお世話になった法政大学出版局編集長の稲義人氏と担当者・秋田公士氏に、私は深く感謝する。法政大学出版局は、古代エジプトに関する私の最初の翻訳『王家の谷』（ノイバート）を出してくれたところであり、そのあと『古代エジプト人』（コットレル）、『ピラミッドの謎』（ロエール）の訳書が生れたのも、同出版局からである。

なお、本書の原題は『古代の海運』であるが、訳書名としては、内容を具体的に示すために『古代の船と航海』とした。

一九八二年九月

酒井傳六

訳 者

酒井傳六（さかい でんろく）

1921年，新潟県に生まれる．東京外国語学校仏語部卒業．1955-57年，朝日新聞特派員としてエジプトに滞在．その後は日本オリエント学会会員として古代エジプトの研究と著述に従事．1991年8月17日逝去．著書に，『ピラミッド』，『謎の民ヒクソス』，『古代エジプト動物記』，『ウォーリス・バッジ伝』，他が，訳書に，ノイバート『王家の谷』，ロエール『ピラミッドの謎』，コットレル『古代エジプト人』，スペンサー『死の考古学』，コクロー『ナポレオン発掘記』，ルージェ『古代の船と航海』（本書），メンデルスゾーン『ピラミッドを探る』，アイヴィミ『太陽と巨石の考古学』，マニケ『古代エジプトの性』（以上，いずれも法政大学出版局刊）などがある．

古代の船と航海

1982年12月15日　初版第1刷発行
2009年7月10日　新装版第1刷発行

著　者　ジャン・ルージェ
訳　者　酒井傳六

発行所　財団法人 法政大学出版局
〒102-0073 東京都千代田区九段北3-2-7
電話03（5214）5540／振替00160-6-95814

組版・印刷：三和印刷，製本：誠製本

ISBN 978-4-588-35401-4
Printed in Japan

古代の船と航海
J. ルージェ／酒井傳六訳 ……………………………………………………本　書

古代エジプトの性
L. マニケ／酒井傳六訳 ……………………………………………………2600円

古代エジプト人　その愛と知恵の生活
L. コットレル／酒井傳六訳 ………………………………………………1700円

太陽と巨石の考古学　ピラミッド・スフィンクス・ストーンヘンジ
J. アイヴィミ／酒井傳六訳 ………………………………………………2600円

ナイルの略奪　墓盗人とエジプト考古学
B. M. フェイガン／兼井連訳 ………………………………………………2800円

ピラミッドを探る
K. メンデルスゾーン／酒井傳六訳 ………………………………………2600円

ピラミッド大全
M. ヴェルナー／津山拓也訳 ………………………………………………6500円

ピラミッドの謎
J. P. ロエール／酒井傳六訳 ………………………………………………1900円

王家の谷
O. ノイバート／酒井傳六訳 ………………………………………………1900円

神と墓の古代史
C. W. ツェーラム／大倉文雄訳……………………………………………3300円

聖書時代の秘宝　聖書と考古学
A. ミラード／鞭木由行訳 …………………………………………………6300円

メソポタミア　文字・理性・神々
J. ボテロ／松島英子訳 ……………………………………………………4800円

バビロン
J. G. マッキーン／岩永博訳 ………………………………………………3200円

マヤ文明　征服と探検の歴史
D. アダムソン／沢崎和子訳 ………………………………………………2000円

フン族　謎の古代帝国の興亡史
E. A. トンプソン／木村伸義訳 ……………………………………………4300円

埋もれた古代文明
R. シルヴァバーグ／三浦一郎・清永昭次訳 ……………………………1900円